U0021484

Herbs

香草茶飲
應用百科

祛寒、解暑、助消化！
33種香草植物，調出180款茶飲，溫柔療癒身心

CONTENTS

第一章　關於香草的
鮮採、沖泡、乾燥、茶知識。

特別附註：
本書內容中所提到的任何香草功效及幫助，僅提供養生參考，不涉及任何療效，
若有疾病的患者，必須透過合格的中西醫師進行診斷及開立處方。

第二章　運用33種香草
泡出180款美味茶飲

香草
是人生最好的夥伴

我研究和栽種香草植物,以及推廣香草生活的好處,已經 20 餘年了,在這些與香草為伍的日子當中,它們的芬芳薰陶,為我的生活帶來無比樂趣,更為自己的人生加分。

回顧人生上半段的職場生涯,總是消極大過於積極。甚至每天汲汲營營,卻沒有明確的生活目標,得過且過,一天過一天。自從在日本開始接觸香草生活後,始從消極轉為積極,開始為下半段人生編織美夢,「有夢最美,逐夢踏實」,一路走來雖然辛苦,但不放棄與積極的心永遠存在。

特別是從 2012 年開始在陽明山打理「時光香草花卉農園」的日子,雖然每天上山需要一個小時左右的單趟車程,但心中總是懷著與香草植物、季節花卉約會的美好期待。一到農園,便為自己沖泡出今天最合適的香草茶,在香氣縈繞的氛圍中,開始了美好的一天,每天都是新的一天,每天也是積極的一天。

化危機為轉機

2015 年 8 月,蘇迪勒颱風肆虐,農園遭受嚴重災害,除了農業硬體設施外,辛苦照顧下的香草花卉也遭到無情的摧殘,的確是一大打擊,就在收拾心情復原的當下,又遇上可怕的秋颱天鵝,更是雪上加霜。

然而回想剛推廣香草時的 1999 年,也碰到台灣史上最可怕的 921 集集大地震,當時大樓倒塌,再加上連續的停水停電,造成許多台灣同胞傷亡,可說是最可怕的災情,那時候的報紙都以黑白頁刊出。然而就在一片悽慘當

中，10月6日，聯合報與民生報以彩色頁介紹次雄的香草，推廣標題正是「香草花園開張，撫慰受傷心靈」，還記得報紙登出當天，我接到了百餘通電話，詢問有關台灣香草的現況。

由於當時香草植物在台灣並不普遍，幾乎所有的香草愛好者，藉此找到了一個可以寄託心靈的所在。當時的莫大危機，卻也同時帶來了轉機，也開啟了我推廣香草的契機。

化逆境為順境

在往後的推廣過程中也遭遇不少挫折，甚至一度萌生放棄的念頭，但我總是以「化逆境為順境」作為勉勵自己的圭臬。再加上許多香草同好適時地支持與鼓勵，次雄就這樣一路走下來。

在雙颱的肆虐中，能夠很快地加以復原，最感謝的是農園的主人何先生，冒著風雨一路搶修，甚至因此而受傷，讓我非常過意不去。其他好朋友們，也都利用寶貴的時間來幫忙復原，令我深感貼心。敬愛的母親與一直支持我的大姊，也隨時鼓勵次雄，使我深深感受到最大的安慰。

在創傷與療癒的過程中，看著香草花卉展現強大的生命力，親朋好友適時予以協助與鼓勵，實在是懷著無限的感激。人生不可能一直是逆境，

也不可能一直順遂，然而總是要抱持著希望，持續朝向目標而前進。當年也在張淑貞社長與編輯謝采芳小姐的強力支持下，出版了《Herbs 香草百科》一書，並獲得極大迴響。

化負面為正向

在時光香草花卉農園的日子已經六年多，除了以教學及農作為主，更期望創造出最豐富與美麗的環境，讓每位同好，都能感受香草花卉所帶來的自然、健康、與實用。

香草植物可以應用在生活中，包括茶飲、料裡、健康、芳香、園藝、花藝及染色等。其中又以茶飲最具代表性，藉由採收自己親手種植的生鮮香草，沖泡出最自然與充滿療癒的美味，讓所有的負面一掃而光，隨之而來的正面能量，則為自己開創出無限美好。

香草是人生最好的夥伴，在香草花園中，喝上一杯香草茶，總是為自己與好友們帶來最幸福的時光。非常高興此次再應出版社的邀請，出版了以生鮮香草茶飲為主題的書，期望能增加大家對香草植物的愛好，並提升香草生活的樂趣。

再次感謝所有同好的支持與鼓勵，
因為您們，香草人生路上充滿著無窮的希望。

香草植物研究家　尤次雄

我們都被香草療癒了

走進時光香草花卉農園，芬芳撲鼻而來，

這裡有各式各樣的香草與花卉，可以遠眺山巒，呼吸新鮮空氣，

喜歡香草植物的同好，在農園品嚐香草茶飲與點心，

回到家裡，陽台、窗邊也擺著一盆又一盆香草，

從栽培、泡茶、料理到布置，香草為生活帶來的美好無處不在。

同好依姓名筆畫順序排列

芳香萬壽菊，淡淡百香果香氣

吳柳樺 · 芳療師

對許多人來說，香草茶就是將香草植物曬乾後，再用熱水沖泡即可飲用。但當你願意嘗試用新鮮香草泡茶時，香草茶便不再只有單純飲用的目的了，而是一場香草的感官饗宴。在眾多香草植物中，我最喜歡的香草莫過於芳香萬壽菊。在摘取的過程，身上便會沾染上它的氣味。當熱水注入容器時，你會看到芳香萬壽菊順著水波，在茶湯中搖曳生姿，香氣也隨著熱氣裊裊竄入鼻息。入喉後，屬於芳香萬壽菊的香甜氣味會逐漸占領口腔，不帶有甜味劑的淡淡百香果香氣便會在口齒留下餘韻，不願消散。

自然花草香，紓緩與釋放身心壓力

吳羚禎 · 芳香療法講師

多年前某個炎炎夏日的午後，因學生的期待而預約，並踏上了尤次雄老師的香草園，在陸續參與多次香草課程後，從最初帶回一盆的香草植物，至今家中庭院已栽種十數盆。在所有的香草茶飲中，我最愛的是檸檬馬鞭草的清新香氣，不能忘情的是馬郁蘭的甜美氛圍，單方或複方香草的搭配經常讓我感受到多重意料之外的驚喜。而最近的新歡是迷迭香與咖啡的結合，精神抖擻之際也覺得生命就該如此地迎接並享受。擁有了香草生活之後，時時覺得浪漫，身心壓力也都得到了舒緩與釋放，真的很推薦大家一起來擁抱香草唷！

新鮮薰衣草讓我愛上泡茶的清香

吳詩渝・香草同好

過去對香草的印象是乾燥的花草，色彩繽紛的花草浸泡在玻璃壺裡真是美極了，當時就瘋狂迷上花草。一個偶然的機會，Facebook突然跳出一位很有名的人，就是香草達人尤次雄老師，心想不知道這位香草達人會加我好友嗎？沒想到老師加我了！加我了！老師加我好友了耶！就這樣我參加尤老師開的香草栽種課，還有香草料理、香草茶飲課程。尤老師輕鬆活潑又很搞笑的分享，教我們如何照顧香草（課程中尤老師特別叮嚀說：不要再說『老師死掉了，要說香草枯萎了！』）

香草可以運用在料理上，某一堂課中老師教我們製作香草煎餅，過程還沖泡了迷迭香咖啡、薰衣草奶茶，真是讓我驚豔啊！以前我都是用乾燥的薰衣草花苞來沖泡奶茶，但總是覺得味道太濃了，所以就不太愛喝。然而尤老師用新鮮薰衣草沖泡的奶茶超級好喝的！味道反而是清香，而不會過濃，實在是讓人回味啊！

香草這麼好用，真的要多多推廣，融入我們的生活中。在課程裡也認識了很多好友與高手，可以彼此交流，例如有位手工皂老師也將香草融入手工皂中，還有喜歡栽種的同學在家裡也建立了自己的香草園！

最後感謝尤次雄老師一直以來不曾改變的香草教學態度，讓我可以體驗香草療癒的魅力。

清爽多層次的香氣，引動味覺情感

余姮‧芳香療法講師

「時光香草花卉農園」是我和學生每年必拜訪的地點，這裡總是
有各式各樣的香草，引動我們在味覺上的情感，特別是尤老師準
備的花草茶，讓我們享受大自然花草的原汁原味，在那種清爽卻
又豐富而多層次的香氣中，味蕾被激起。尤老師也會準備一些小
點心，香草茶配上這些點心，猶如春天裡盛開的花朵，這些花朵
似乎早就在等待春天的氣息。尤老師決定出版這本香草茶飲的書
時，我是既興奮又期待，希望能看到他對香草茶的指引，給我更
多芳香創意。

百里香複方茶，紅潤了臉色

林芷羽‧香草同好

好朋友帶著一臉倦容來找我，談話中，偶爾咳嗽，打起噴嚏，讓
我不禁關心起她的身體狀況。

「大概是多變化的天氣讓我快感冒了吧！」她無奈地說。
於是我起身走進小院子，隨手剪了院子中的原生百里香，還有德
國洋甘菊，將它們稍微洗淨之後，熟練地用大約 80 度的熱水，
沖了壺香草茶給她喝。她深深地嗅吸香草茶的香氣，然後，慢慢
啜飲。沒多久，就看見她蒼白的臉色漸漸紅潤了起來。

每一種植物都充滿力量，喜歡像這樣，走進小小的花園，就能撿
拾一餐桌的芬芳！

被茶飲香氣包圍的幸福

林佳蓉・芳療師

薰衣草、洋甘菊、薄荷、檸檬馬鞭草,每一種都是常見的乾燥香草茶,也是我對香草茶的第一印象。

與生鮮香草茶的初次相遇是在尤老師的農園,沒想到是如此令人驚艷!香甜芬芳的芳香萬壽菊,讓我想到夏日美味的龍眼、百香果與鳳梨,剛摘下的洋甘菊則是甜美的蘋果香。

在忙碌的生活中為自己與所愛之人泡壺香草茶,隨手摘幾段喜歡的香草放入壺中,欣賞花葉在水中舞動舒展,等待香氣緩緩將你包圍,一起感受這片刻的幸福與植物的療癒力量吧!

窗台的香草，帶來生活小確幸

林詠春・多肉植栽養護與創意盆栽設計講師

我特別喜歡在清晨到小花園，和花草、多肉植物們打招呼，觸摸香草植物的葉子，讓一天的開始就充滿清新的香氛與活力。 午後時刻，端詳著眼前爆盆的香菫菜、長高的芳香萬壽菊，和茂盛到需要剪頭髮的鳳梨鼠尾草，還有已經長得像雜草堆的薄荷、長得比我高的西洋接骨木，一邊對照尤老師的《Herbs 香草百科》查詢養護方法與修剪時機。

自從有了這本香草百科，我家的香草植物從此枝繁葉茂。鮮採香菫菜成為手作洋梨塔最美的搭檔；鳳梨鼠尾草和薰衣草，則是烘烤奶酥麵包和手工奶油餅乾的最佳香草夥伴；法國龍艾、迷迭香與刺芫荽，讓法式鹹派的層次升級，令人回味無窮；信手拈來新鮮檸檬百里香和鳳梨鼠尾草沖泡茶飲，搭配手工香草餅乾，貴婦下午茶就在我家。

還沒品嚐過尤老師的香草火鍋課程的朋友們，一定要與好友們安排一次媲美完美交響樂的香草火鍋饗宴，正如同音樂會有上半場與下半場，這香草火鍋在尤老師的精心調配下，同一鍋呈現出兩種層次的味覺變化！幸福，其實可以很簡單，就從您的窗台開始，養幾盆香草植物，生活中的小確幸就會開始出現，只要推開窗門，就可以親身體驗到香草植物的魅力。

茶飲香把煩惱沖散了

高瑞瑞‧香草同好

我想沒什麼飲料是比香草茶更讓人沒有負擔的。

一個人的時候，隨手摘幾葉香草，聞起來芳香舒暢，喝起來清爽不膩，好像很多不愉快的事情，都會跟著香味散開消失，心靈也跟著被洗滌一般。

很多人的時候，來一壺複方香草茶，就像歡樂的氣息散發般，整群人都一起開心起來。接觸到香草，是我覺得人生當中一件很幸福的事情。

品嚐香草園的花花草草

葉美華・香草同好

記得小時候最喜歡去老師家，因為有薄荷蜂蜜水；那個年代少有香草種植，所以很稀奇。

現在則是常常拜訪陽明山時光香草花卉農園，看滿山的迷迭香、薰衣草、洋甘菊、玫瑰，還有一叢叢的西洋接骨木、爬滿籬笆的金銀花，以及四時花卉如鳶尾花……每種香草花卉都令人愛不釋手。

我喜歡自調香草茶飲，尤愛薄荷搭配檸檬馬鞭草的清新紓壓，是夏日午後的消暑聖品；我也喜歡金銀花，花型美麗，香氣濃郁，又有緩解咳嗽功效；特別是紫蘇，可以煮水泡茶，可以醃梅煎蛋，是第一名的女配角！在尤老師的數百種香草裡，生鮮德國洋甘菊茶算是最奢侈的，淡淡的蘋果香，撫平了都市人生活的緊張，恢復活力；薰衣草奶茶與迷迭香咖啡則是我的新體驗，香草真是神奇！

回到家裡，我有一塊小小的香草園，種著十多種香草花卉，每天看著花花草草新生、發芽、開花、結籽，生命循環，生生不息！春來我種下蝶豆花種子，期待豆苗順利長大，爬滿籬笆，開滿滿的紫色花朵，這樣我又多了一味香草茶！好棒啊！

生活中不可或缺的好朋友

楊月美・香草手工皂講師

生活中總是有些事物會讓人上癮，有人愛攝影，有人愛旅遊，每個人愛的都不一樣，而我，出門總是習慣自己帶一瓶水，就算再急，也一定要到陽台隨手摘採香草，泡泡香草茶才願意出門。也許是薰衣草，也許是百里香、迷迭香、檸檬馬鞭草，或者是貓穗草……就看誰今天跟我看對眼，就帶誰陪我一整天，哈哈，這是否就是上癮？當然是！感謝尤老師的啟蒙，讓香草在我人生中從零到現在，佔有極重要的地位，不管是喝水、烹飪、做保養品、做皂、教學，甚至怡情養性都少不了香草，我就是香草重度依賴者，哈哈。

香草茶舒緩腸躁症，心情更放鬆

熊利晨（power）・自然農法講師

我在兩年多前的一次好友聚會，初次品嚐到生鮮香草茶飲。沖泡香草時，那一股撲鼻而來的香氣，讓身心瞬間感覺清爽與舒暢，令人記憶猶新！非常感謝友人介紹我認識尤次雄老師，不但報名上了尤老師的香草相關課程，也閱讀其著作《Herbs 香草百科》，學習如何運用生鮮香草植物。

將香草植物融入自己農園的地景，更加有樂趣。同時，香草茶也舒緩了我多年來在工作上的身心疲憊。從事服務業的我，長期面對業績壓力，腸胃經常不適，腸躁症問題尤為嚴重，自從學習尤老師所教導如何運用香草茶飲配方，解決了我長期以來的腸躁症問題，面對工作心情也更放鬆、愉悅。另外，我過去經常有呼吸道不順暢的症狀，而較容易感染上流感，透過生鮮香草的運用，也可以預防流感、提高免疫力喔！在此預祝尤老師新書熱賣暢銷。

為生活增添色彩的香草植物

蘇美玲・手作料理講師

過往數年教做義式 pizza，我都是簡單佐以從超市購買的乾燥香草。在 2017 年底於新竹舉辦的 CSA 研討會上，因著志工的建議，我開始摸索自己種植新鮮香草，從而開啟我的香草之旅，並來到陽明山請教尤次雄老師。因參加老師舉辦的各種課程，讓我對香草應用有了更全面性的認識。香草不僅僅在料理、茶飲、芳療、護膚皆可見其蹤跡，現代人的生活忙碌緊湊，香草為日常帶來五感體驗，實在增添了不少樂趣！尤老師研究香草的經驗豐富，此次香草茶飲著作出版，實為佳音，感謝您，為大家的生活增添香草色彩！

第一章

關於香草的
鮮採、沖泡、乾燥
茶知識。

天然花草所沖泡的茶飲，淡淡清香與漂亮的茶色，令人心情愉悅，泡一壺屬於自己的香草茶吧，用喝一杯茶的時間品嚐自然的味道，享受放鬆的時光。

part 1.

先備觀念

01 西方與東方的茶飲有什麼不同？

西方的茶飲比較強調香氣與口感，著重在紅茶類與香草茶方面，特別是飯後茶飲最為普遍，也有睡前喝茶的習慣，例如德國洋甘菊與薰衣草茶飲。東方茶飲強調喉韻與文化，例如日本獨特的抹茶文化，還有中國悠久的烏龍茶文化等。

不含咖啡因！

生鮮香草茶

所謂香草茶，是指利用天然的花草所沖泡的茶飲。據研究報告顯示，香草茶可以有效改變氣氛，尤其是在煩惱時飲用，可以讓精神面加以舒緩。另外食用過量而造成負擔，也可運用香草茶保護消化系統。

西方茶飲中的香草茶
著重香氣與口感。

02 可以應用在生鮮茶飲的香草有哪些？

香草植物種類眾多，並不是每一種香草都可以沖泡香草茶。例如觀賞用及有毒性的種類就不適合。本書將沖泡茶飲用的香草細分五大類，包括男主角、女主角、配角、花旦以及特技演員，藉由了解每一類別的特性，相信可以沖泡出好喝又芳香的茶飲，來促進健康及增加生活樂趣。

女主角

檸檬系彼此不互相添加

配角

盡量搭配男女主角

男主角

基本款可搭配其他香草沖泡

花旦

鮮花為茶飲添色

特技演員

香氣特殊，適合單獨沖泡

 point 剛開始接觸新鮮香草茶，建議從單口味一種香草沖泡起，在逐漸習慣其口感之後，再進行複方香草茶飲的泡製。複方香草茶的種類，最恰當的數量為 3 種，最好不要超過 4 種以上。素材的多寡，隨個人的口感而定。

03　哪些香草植物不適合泡成茶飲？

首先具有毒性的香草植物，是絕對不能加入茶飲當中的，例如毛地黃或桔梗蘭等。其他如純觀賞性的香草植物如耬斗菜或醉魚木，也比較不適宜。所以若想了解那些香草植物比較適合生鮮茶飲，可參考本書介紹的 33 種香草，或請教這方面的專家學者或中西醫師。

不適合沖泡的香草

耬斗菜

醉魚木

毛地黃

不適合單獨沖泡，但添入湯品很棒

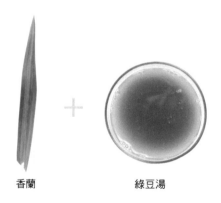

香蘭　　　　　　綠豆湯

芸香　　　　　　紅豆湯

香蘭又稱為斑蘭或七葉蘭。由於具有芋頭的香氣，如果單獨沖泡，可能香氣部分比較不足，所以通常會與綠豆湯或紅豆湯一起熬煮，增加口感。

芸香由於氣味獨特嗆人，常令人避之唯恐不及，所以不建議單獨沖泡。但是在東南亞國家會添加到綠豆湯或紅豆湯中。

玫瑰為茶飲帶來浪漫氣息。

04　玫瑰可以運用在香草茶飲當中嗎？

先決條件是玫瑰必須為自己栽種的，或是購買有機栽培的食用玫瑰。市面上所販賣的切花用玫瑰，因為主要是作為觀賞及花藝上使用，栽培過程通常會噴灑農藥，以避免病蟲害，所以千萬不要加入茶飲。

玫瑰不僅可以增加茶飲的視覺美感，其中香水玫瑰系列，更可以帶來嗅覺上的無比享受。栽培玫瑰最需要耐心及技巧，由於春夏之際，經常會有蟲害，像我的農園，都會在玫瑰四周種上細香蔥，來達到共生的效果。

玫瑰搭配柳橙薄荷。

05　加化學肥的香草可以泡茶嗎？

香草植物因為要運用在料理及茶飲上，所以使用有機肥料比較合適。一般使用化學肥料，主要是因為其具有速效性，比較適合用在觀花及觀葉的植物上面。

建議使用有機肥料栽培香草植物。

06　茶飲用的香草在哪裡購買比較方便？

目前一般市面上的花市或苗圃即可購得。可選擇有機栽培的幼苗或是植株，甚至也可以購買種子，在家自行播種。

有機栽培的香草植物，是喝
香草茶最重要的事情。

07　藥食同源，香草茶可以做為醫藥使用嗎？

東方國家經常強調食補的療效，用以入菜或入茶的中藥藥草種類非常多，因此也有很多同好問及生鮮香草茶的療效。香草茶同時具有芳香及保健效果，透過味覺與嗅覺而吸收香草中最精華的精油成分，可以刺激腦神經，而達到芳香體驗與療癒的效果，且香草藉由水溶性也會產生各種對人類有幫助的成分及維他命，讓消化系統加以吸收。

一般而言，飲用香草茶就像在日常生活喝紅茶、綠茶一樣，對身體有幫助，但更著重的是視覺及嗅覺上的享受，以這樣的心情來喝生鮮香草茶，會更輕鬆與愜意。

香草茶並不等同於藥劑，一定有其限制，懷孕期間的婦女，以及嬰兒、生病的人，必須在醫師的指示下飲用。

香草茶飲對於人的精神面
與身體上都有幫助。

採摘祕訣

08　什麼時候採摘香草最為合適？

一般選擇在清晨最為合適，但只要是沖泡前採摘即可。由於生鮮香草比較不適宜久放，因此可在自家的陽台、頂樓或庭院，栽種茶飲用的香草，沖泡起來也更安心。

> point　春、秋兩季香草植物成長最旺盛，這時採摘的香草，香氣也最為芬芳。

飲用之前採摘，可喝到最新鮮自然的香草茶。

09　如何採摘生鮮香草茶？

香草茶通常是使用植物的花、葉部位，甚至可以帶莖一起沖泡。因此直接摘蕾，取其花朵，或是摘芯，連葉帶莖修剪到芽點（兩片葉子之間的莖部）的上方。採摘下來的香草，用清水加以漂洗，即可直接放入壺中沖泡。

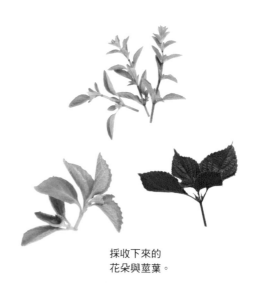

採收下來的
花朵與莖葉。

香草修剪後還可以促進植株再成長。

10 生鮮香草茶大都使用花葉，根部可以使用嗎？

是的，例如西洋蒲公英的根部，就可以沖泡，但是必須先經過洗滌乾燥之後，再放入平底鍋中乾煎，待顏色呈現咖啡色後放涼切片，放入密閉瓶中保存。可泡出類似咖啡的口感，由於不具有咖啡因成分，因此又有「代咖啡」之稱。另外菊苣也具有同樣的效果。

西洋蒲公英的根部。

西洋蒲公英（左）、菊苣（右）都是利用根部沖泡茶飲。

沖泡方法

11　生鮮香草茶的沖泡方式及注意事項？

沖泡香草茶最好使用瓷器，或是玻璃製的壺具。勿使用鐵製或不鏽鋼的材質，以免影響香草茶的口感。沖泡的熱水也盡可能維持在80℃左右的水溫，浸泡約3～5分鐘，茶湯變色後，即可飲用。植株的葉片或花朵只要輕輕漂洗即可，大量沖洗將喪失香草的原味。

沖泡的步驟

1　剪下欲沖泡的香草，約10公分數支。
2　用清水輕輕地漂洗。
3　將乾淨香草放入茶壺。
4　加入約80℃左右熱水。
5　稍待3分鐘左右即可飲用。

可回沖3次！

---

point　要放幾支香草呢？

以300cc的茶壺為例，如果希望味道清淡些可放1支香草，濃郁些則放2～3枝香草。

淡 ⟶ 濃

先用熱水讓香氣散出，
再加入冰品。

12　生鮮香草茶飲可以冷泡嗎？

可以冷泡，但是純粹用涼水或冰水，並不能將植物的精油成分完全釋放，香氣及口感會比較差。建議可先用熱水沖泡，待香氣出來之後，再加上涼水或冰水。

 point **沒喝完的茶可以保存嗎？**

生鮮香草茶盡量不要隔夜，若想隔天享用，必需先將香草取出，然後放入冰箱冷藏，可以保存 3 天左右。

13　料理用香草為什麼要少量使用？

料理用的香草，香氣及口感較為濃郁與厚實，因此加入茶飲中宜少量，故本書將其列為配角。料理用香草如迷迭香，若使用過量，會導致茶湯苦澀，其他像鼠尾草的綠葉、黃金、紫紅、三色的品種也建議少量添加，尤其千萬不要加入巴格旦鼠尾草，會讓茶湯的香氣及口感變得很差。另外如甜羅勒、義大利香芹等，也都比較適宜少量搭配男、女主角一起沖泡。

適合少量沖泡的香草植物

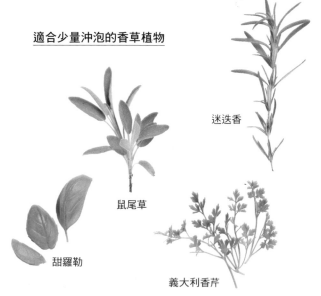

迷迭香

鼠尾草

甜羅勒

義大利香芹

14 茶飲用香草也可以搭配其他飲料嗎？

創造自己的
專屬口感！

香草植物可以搭配紅茶、綠茶、果汁、酒類、咖啡、奶茶，增加香氣與口感。

- 酒類或咖啡可加入少量迷迭香，但泡咖啡時，建議使用三合一的即溶包，若使用太高級的咖啡豆，則會失去咖啡本身的質感。
- 奶茶則適合搭配薰衣草，特別是齒葉薰衣草或是甜薰衣草，來達到舒緩的效果。
- 綠茶則是搭配檸檬系香草，其中以檸檬馬鞭草效果最佳。
- 紅茶則可以跟薄荷或百里香類搭配，例如瑞士薄荷、葡萄柚薄荷或是茉莉亞甜薄荷。
- 果汁方面可加入金銀花或紫羅蘭的花朵，點綴視覺。

這樣搭配很對味

咖啡 ＋ 迷迭香 ＝

奶茶 ＋ 薰衣草 ＝

綠茶 ＋ 檸檬系香草 ＝

紅茶 ＋ 薄荷 ＝

果汁 ＋ 花朵 ＝

15　茶飲用的香草可以運用在料理方面嗎？

可以的，像是男主角當中的百里香，就經常被運用在
料理方面，例如使用葉片搭配糕點食用，口感清爽，
另外也可以跟雞肉或菇類料理一起烹調。女主角（檸
檬系香草）方面，可取其檸檬香氣的湯汁，代替檸檬，
加入各式料理。至於配角的茶飲香草，原本就是使用
在料理方面的，如迷迭香雞排、奧勒岡披薩等。另外
花旦中的香菫菜與金銀花，屬於可食用花卉，加入沙
拉或濃湯都很棒。

帶有辛辣味的奧勒岡是茶飲的配角，搭配焗
烤、披薩也很對味。

最受女生
歡迎！

檸檬系的香草具有清爽
的檸檬香氣，可以代替
檸檬使用於茶飲、料理。

香草裡的食用花卉點綴茶湯、料理，讓人看
了心情也變美麗。

16　沖泡完後的香草可以這樣運用！

生鮮香草茶盡量當天飲用完
畢。若沒喝完，最好將香草
取出，可以當廚餘堆肥使用。
剩餘的茶湯，放到隔天，可
以當成防蟲液，直接倒入盆
栽的土壤中，可有效預防蟲
害。

取出的香草可做廚餘。

冷卻後的茶湯，隔日可倒入土壤
做防蟲液。

飲用時機

17　生鮮香草茶最適合飲用的時間為何？

需視香草種類而定。早上會建議沖泡薄荷、迷迭香等比較能提神或是恢復精神的香草。晚上則比較適合安定、舒緩、鎮靜方面的香草，像是薰衣草、德國洋甘菊等。一般而言，生鮮香草茶最適合的時間，還是以飯後為佳。另外在下午茶時間搭配茶點，也非常合適。

早上
提振精神

薄荷

迷迭香

晚上
舒緩情緒

薰衣草

德國洋甘菊

point 盡量選擇在飯後飲用香草茶，較不建議空腹時飲用。

飯後
幫助消化

薄荷

檸檬香茅

18　香草茶既然對身體有幫助，可以每天喝嗎？

香草茶可以每天喝，但建議更換香草的種類，因為畢竟不是藥水，每天都一樣。另外在量方面，也要有控制，例如特技演員的香草植物：鳳梨鼠尾草、貓穗草、芳香萬壽菊、魚腥草、到手香，就比較建議少量沖泡，並經常更換。

生鮮乾燥

19　生鮮香草茶與乾燥花草茶有何差別？

在茶飲當中，為區別乾燥花草與新鮮香草，特別將乾燥花草所泡製的茶稱之為「花草茶」，而用新鮮葉片及花朵所泡製的茶，稱之為「香草茶」。花草茶口感較為沉重；香草茶則為爽口。就香氣方面，花草茶為濃郁；香草茶則是清香。然而在保存方面，花草茶的保存年限較長，大約半年；香草茶則在一週左右。正因為如此，自己栽種香草，並沖泡成茶飲，是最高級的享受。

香草茶	花草茶
生鮮	乾燥
口感爽口	口感沉重
香氣清香	香氣濃郁
保存約一週	保存約半年

20　適合乾燥的香草有哪些？

大部分的茶飲用香草都可以乾燥。然而因為台灣比較潮濕，即使乾燥後也容易發霉，特別是使用葉片沖泡的香草，如薰衣草、百里香等，因此建議直接生鮮沖泡，風味比較清新。另外，生鮮與乾燥的香草比較不適合一起沖泡，由於香氣及口感的不同調性，會造成差異。但還是有適合乾燥的香草，例如薄荷或是蝶豆花等。

直接生鮮沖泡，風味比較清新。

第二章

運用33種香草
泡出180款美味茶飲

精選在台灣適種的茶飲用香草植物，一次了解
它們的身心功效、香氣特色、泡茶部位、採收
方式，還有各種好喝的混搭方法。

part 2.

茶飲用香草 五大角色解析！

每種香草植物各有千秋，有的植物適合單方沖泡，有的適合彼此添加，依香草的口感、香氣性質，又可以分為五大類別：男主角、女主角、配角、花旦、特技演員，掌握每種類別的個性，就可以依照需要的功效、色彩，沖泡屬於自己的香草茶飲了！

五大角色	新手入門百搭款 男主角	最受女生歡迎系列 女主角
	單方沖泡、複方混搭都適合！	帶有檸檬香氣，女主角彼此不建議互搭！
單方	✓	✓
複方搭配類別 — 男主角	✓	✓
複方搭配類別 — 女主角	✓	
複方搭配類別 — 配角	✓	✓
複方搭配類別 — 花旦	✓	✓
複方搭配類別 — 特技演員		

用量少少就有味 **配角** 口感濃郁，少量添加就能很好地襯托主角！	鮮花點綴增色彩 **花旦** 大部分在冬、春之際綻放，是茶飲鮮豔的存在！	個性派獨挑大梁 **特技演員** 香氣特殊，適合單方沖泡，使用宜少量！
		✓
✓	✓	
✓	✓	
	✓	
✓	✓	

口感與香氣清新，

適合單獨沖泡或彼此添加，

也可以搭配其他香草一起沖泡。

男主角

在生鮮香草茶飲的世界，有很多同好是第一次接觸，因此往往不知從
哪些香草開始著手，所以特別推薦了四種在國內外常見的茶飲香草。
為了記憶上方便，總稱為「男主角」。

男主角當中，薰衣草和百里香屬於灌木類；薄荷則是多年生的香草，
一年四季皆容易取得；還有一年生的德國洋甘菊與多年生的羅馬洋甘
菊，通常於冬春之際，使用其花朵部位。

由於這四種香草對我們身體有很好的幫助，建議初次沖泡生鮮香草茶
的朋友，可以從這四種香草開始來嘗試單方與複方的搭配。

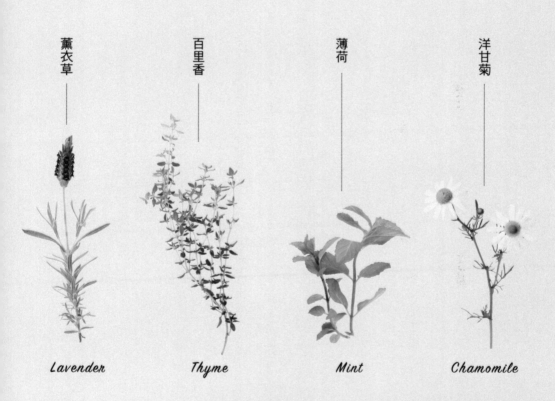

薰衣草 — Lavender

百里香 — Thyme

薄荷 — Mint

洋甘菊 — Chamomile

唇形花科。常綠小灌木

百里香 THYME

學名／ *Thymus vulgaris*

鎮靜、殺菌、預防感冒

＼ 口感與香氣 ／

香氣與口感充滿陽剛味，帶有麝香酚成分，會讓人感受清新與爽快。在國外是很受歡迎的茶飲用香草，也是台灣香草同好們非常喜愛的香草植物。

＼ 泡茶的部位 ／

沖泡茶飲以枝葉為主，若是在春夏之際，會開出粉色系的小花，也可以一起沖泡。由於其葉片較小，因此多會帶枝，其中葉片若有枯黃的現象，建議可以修下來，以翠綠部分為主。

＼ 採收季節與方式 ／

百里香的成長最佳季節，主要是當年度的中秋節到隔年度的端午節期間，也就是大約溫度在 15 至 25℃左右，採摘下來的枝、葉、花香氣最為濃郁。通常在沖泡前採摘最為合適。

＼ 身心功效 ／

具有鎮靜及殺菌等功效，在身體有感冒前兆時飲用，能夠舒緩不適，也很適合在陰雨綿綿或是氣候轉換的時節喝上一杯，預防感冒。另外也具有幫助消化功能，很適合飯後飲用。

---

check ｜ 尤老師小提醒

採收宜以頂芽為主，而且愈加採收修剪，將來成長也會更為旺盛。直接從頂芽算下來約十公分的芽點部位，修剪下來，稍加以漂洗即可沖泡。由於具有輕微通經作用，懷孕期間應盡量避免大量使用。

適合沖泡茶飲的品種

茶飲家族

百里香的香氣與口感非常溫和清香,其中又以開花期時最為明顯。

這幾年一般的西式餐廳或家庭,也都會將它加入茶飲中。

開花性強

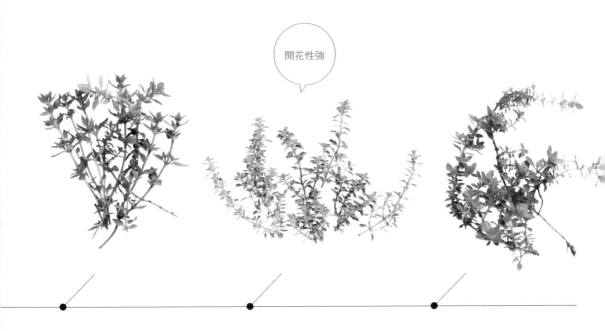

綠百里香

最常見的品種,葉片較小,香氣特徵明顯,麝香酚含量高,適宜搭配其他男主角系列。

銀班百里香

除了明顯的香氣,其斑葉的色彩,更可以增加視覺的效果。

麝香百里香

葉片稍大,香氣最為濃郁,因此添加宜少量,單獨沖泡口感也極佳。

百里香茶飲
私房搭配推薦　☑ 單方　☑ 複方

百里香的香氣特性，非常適合搭配女主角的檸檬系列香草，以及料理用的配角沖泡，非常好喝。若是與花旦的茶飲香草一起沖泡，則在視覺上會有很棒的效果。

搭配 1 ▶ 百里香＋鼠尾草

具有殺菌效果的百里香，搭配有同樣作用的鼠尾草，口感渾厚。在感冒或咳嗽前兆時加以飲用，可以舒緩症狀。在國外是接受度最高的一款茶飲。

百里香
10公分×3枝

鼠尾草
10公分×1枝

搭配 2 ▶ 百里香＋薰衣草＋檸檬馬鞭草

晚餐過後，喝這款茶飲可幫助消化。百里香搭配薰衣草，二位男主角相得益彰。加上女主角的檸檬馬鞭草，柔化口感，更帶來檸檬香氣，相當值得推薦。

百里香
10公分×2枝

薰衣草
10公分×2枝

檸檬馬鞭草
10公分×1枝

搭配3　百里香＋迷迭香

享用完早餐，如果仍然覺得昏昏沉沉，此時可以選擇具有強壯功效的百里香，搭配上提振精神的迷迭香，讓一天的元氣滿滿。迷迭香宜少不宜多，否則茶湯會苦澀。

百里香10公
10公分×3枝

迷迭香
10公分×1枝

搭配4　百里香＋薄荷＋香菫菜

具有鎮靜效果的百里香，加上薄荷的清涼感。冬春之際，還可以點綴美麗的香菫菜花朵，非常適合下午茶時光，搭配自製的茶點，真是視覺與嗅覺的雙重享受。

百里香
10公分×2枝

薄荷
10公分×2枝

香菫菜
10-15朵

Q　為什麼尤老師會特別喜歡百里香呢？

百里香的外型特殊，小小的葉片，卻充滿芬芳香氣。百里香的功效很多，舉凡鎮靜、強壯及殺菌，其花語象徵著「勇敢」，總是會帶來正面能量。再者是運用範圍相當廣泛，例如茶飲、料裡、健康、芳香、園藝、工藝、花藝、染色等，在在顯示百里香的多樣性。早期初播種香草，百里香最先發芽茁壯，對我個人實有特別意義。

搭配 5　百里香＋茉莉綠茶

在親朋好友拜訪時，
可直接從陽台摘取百
里香，與家中常備的
茉莉綠茶一起沖泡，
既簡單又快速。這款
茶特別受男性喜愛。

百里香
10公分×3枝

茉莉綠茶
500毫升

（其他搭配推薦）

百里香＋德國洋甘菊

適合在冬春之際來飲用，具有預防感冒
及保溫效果。

百里香＋紅茶

非常適合搭配蛋糕甜點，可以解油膩，
更可以幫助消化，降低卡洛里。

德國洋甘菊　　　　　紅茶

Q　鋪地百里香可以泡茶嗎？

鋪地香（匍匐百里香）由於其香氣較為清淡，且口感相對不佳，所以並不建議用來沖泡。
鋪地香匍匐的特性，適合作芳香草坪，如果能夠露地種成大片，便可躺臥其上享受清香。
這或許也是另類享受百里香的方式吧。

百里香
栽培重點

栽種百里香需要注意到溫度及通風性，在 15 至 25℃左右的環境中，成長較為茁壯。另外保持通風也非常重要。修剪是百里香栽種的不二法門，經常修剪可促進植株再成長。百里香近年來馴化也相當成功，花市及苗圃幾乎全年可見其蹤跡。

事項	春	夏	秋	冬	備註
日照環境	全日照	半日照	全日照	全日照	晝夜溫差大可促進開花
供水排水	土壤即將乾燥時再供水，排水須順暢				
土壤介質	砂質性的壤土為佳				
肥料供應	可以進行追加氮肥		換盆後施予基肥		入春開花期前添加海鳥磷肥
繁殖方法	扦插或壓條		扦插或壓條		壓條效果最佳
病蟲害防治		經常會出現爛根，導致植株枯萎			甚少病蟲害但要加以修剪枝、葉使植株通風順暢
其他	除了高溫多濕的夏季成長較為緩慢，極容易會有枯葉現象外，在秋、冬、春就會成長良好				

Q 百里香感覺不太好栽種，
請問有什麼訣竅嗎？

台灣通常在端午節過後進入梅雨季，八、九月夏季多颱風，在高溫多濕的環境下，使得植物根部經常浸泡在水中，而導致爛根現象。因此在梅雨季和颱風來前，必須加以強剪。另外不能因為高溫就移到室內，以免日照不足。另外，增加排水也非常重要。雖然夏季成長緩慢，經常會枯萎，但一到了中秋節前後，生長就會明顯轉佳，此時可添加氮肥，以幫助其成長茁壯。

夏季時，為百里香強剪以過夏。

比起其他香草，需要比較長的日照，所以較適合露地栽種，或是種植在長條盆中。

唇形花科。常綠灌木

薰衣草

LAVENDER

學名／ *Lavendula stoechas*

舒緩放鬆、助眠

口感與香氣

喜歡香草的同好，通常大部分也都會接受薰衣草的香氣，以沉香醇化學成分為主的薰衣草，香氣獨特，口感也非常柔順。

泡茶的部位

包括葉、莖以及花朵，由於開花期主要集中在每年的 3 至 6 月，所以開花期期間可連枝、葉帶花一起沖泡，至於其他時期，則以葉、莖為主。

採收季節與方式

全年皆可以採收，特別是齒葉薰衣草，近年來已經經過馴化，幾乎可以度過台灣高溫多濕的夏季。採摘時可從頂端算起剪下約 10 公分左右帶葉的枝條。

身心功效

香氣芳醇，具有放鬆的效果，還有促進消化的幫助，因此適量飲用，對日常生活有調劑作用。飯後或睡前最為合適。

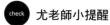 **尤老師小提醒**

薰衣草具有微量通經作用，妊娠期間宜少量飲用。

茶飲家族

獨特的香氣，柔順的口感，
薰衣草運用於茶飲沖泡相當受歡迎。

基本款

開花性強

齒葉薰衣草

茶飲用薰衣草的最基本款，
無論在香氣及口感上接受度
最高。

蕾斯薰衣草

雖然栽種上由於馴化尚未完
全適應台灣氣候，但假以時
日，將可成為極受歡迎的薰
衣草品種，口感上比較濃郁。

西班牙薰衣草

目前極受歡迎的薰衣草品種，
幾乎可以達到全年開花，可
以沖泡花朵部位，增加視覺
效果。

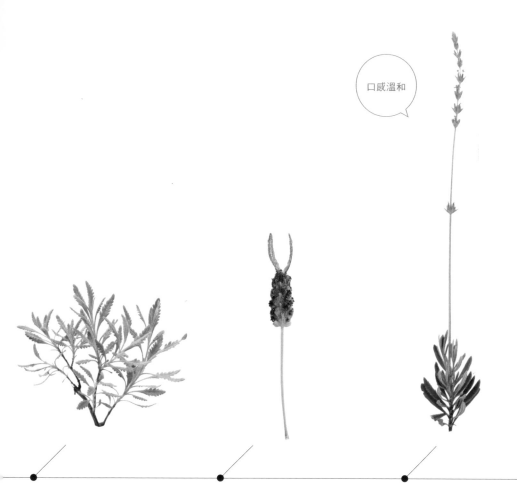

口感溫和

德瑞克薰衣草

雖然在台灣較不易開花，然
而由於香氣濃郁，口感極佳，
也挺受香草同好喜愛。

法國薰衣草

兔耳朵外型的花卉部位，口
感較為柔順，適合剛開始嘗
試薰衣草茶飲的香草同好。

甜薰衣草

引進台灣已經超過 20 年以
上，早期薰衣草茶飲中經常
使用的品種，口感溫和。

Q 薰衣草都可以喝嗎？

薰衣草的原生品種有 28 至 32 種，衍生品種則高達 400 餘種。大部分薰衣草皆可沖泡茶飲，但羽葉薰衣草與蕨葉薰衣草等的口感相當差，比較不適宜運用在香草茶飲中。

常見的羽葉薰衣草，並不適合用以沖泡茶飲。

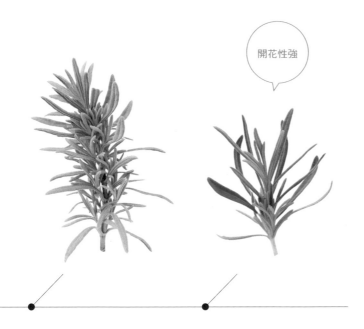

開花性強

薰衣草在台灣的接受度高，運用於茶飲沖泡相當受歡迎。

紫色印記薰衣草

香味濃郁，花深紫色，花量多，相當美麗。

普羅旺斯薰衣草

目前極受歡迎的薰衣草品種，開花性較強，可以沖泡花朵部位，增加視覺效果。

薰衣草茶飲
私房搭配推薦　☑ 單方　☑ 複方

薰衣草茶飲在國外已經風行多年，台灣在 20 多年前雖有引進，但大都是以乾燥花卉為主，由於口感過於濃郁，甚至帶著苦澀，接受度較不高。自從筆者推薦生鮮薰衣草直接沖泡後，接受度很高，再加上與任何茶飲用的香草可以互相搭配，很適合居家栽種並直接採摘。

搭配 1　薰衣草＋迷迭香

薰衣草及迷迭香，幾乎喜歡香草的同好居家都會栽種。適合當親朋好友來家中聚會時飲用，是一款極具親和力的茶飲。

薰衣草
10公分×3枝

迷迭香
10公分×1枝

搭配 2　薰衣草＋德國洋甘菊＋香蜂草

在比較沁涼的冬、春之際，這三種香草成長狀態極佳，由二位男主角搭配一位女主角，可以讓我們感受春天美好的時光，並帶來保溫的效果。

薰衣草
10公分×3枝

德國洋甘菊
10-15朵

香蜂草
10公分×2枝

搭配 3 薰衣草＋檸檬百里香

薰衣草獨特的香氣，搭配上最受歡迎的檸檬百里香，可說是女性的最愛。特別是閨密相聚時，相當適合。尤其再加上自己烘焙的香草餅乾，就成了最佳的下午茶。

薰衣草
10公分×3枝

檸檬百里香
10公分×3枝

搭配 4 薰衣草＋奧勒岡＋琉璃苣

相當具有視覺效果的一款茶飲，獨特香氣的薰衣草，搭配扎實口感的奧勒岡，再配合上美麗的琉璃苣花朵，可以與親愛的家人，共處美麗又溫馨的時光。

薰衣草
10公分×3枝

奧勒岡
10公分×1枝

琉璃苣
3-5朵

Q　薰衣草可以助眠嗎？

是的，因為薰衣草具有放鬆及紓壓的效果，在國外通常在睡前，會搭配德國洋甘菊一起飲用。然而失眠的原因很多，特別是在身心靈方面，因此建議長期失眠，還是要請教合格的中西醫師配合診斷，薰衣草只是有幫助而已，並不能將其當為特效藥，還是要從日常生活習慣，以及基本面的治療，才是正確的方式。

搭配 5 薰衣草＋奶茶

薰衣草奶茶是女性與
小朋友的最愛，特別
是在午餐過後的下午
茶時光，加上精緻的
甜點，可說是絕配。
另外也非常適合在睡
前一小時飲用，可解
除一天的疲憊。

薰衣草
10公分×3枝

奶茶
500毫升

其他搭配推薦

薰衣草＋鼠尾草

薰衣草獨特的香氣，搭配特殊的鼠尾草
厚實口感，非常適合飯後時飲用。

薰衣草＋紫羅蘭

同為美麗紫色花朵的茶飲，除了薰衣草
迷人的香氣外，更增加了視覺效果。

鼠尾草

紫羅蘭

Q 薰衣草可以做菜嗎？

薰衣草可以衍生出許多芳香療法的日常用品，另外也可以做為茶飲及烘焙的原材。但由於
其香氣獨特，在國外比較少運用在料理的方面。但是在香草束的製作方面，倒是可以和其
他料理用的食材，例如鼠尾草、義大利香芹、檸檬香茅等綑綁成一束，搭配肉骨一起熬煮，
但不直接食用其枝葉。

薰衣草
栽培重點

薰衣草是許多同好最喜歡的香草植物，然而到了夏季，常因高溫多濕而枯萎，真是讓人又愛又恨。建議新手可以在中秋節後播種或購買植株，其中又以齒葉薰衣草及甜薰衣草為佳，因為其在台灣已經馴化多年，較能適應台灣的氣候與環境。

事項	春	夏	秋	冬	備註
日照環境	全日照	半日照	全日照	全日照	
供水排水	等土壤乾燥再一次澆透，排水須良好				
土壤介質	富含石灰質的壤土成長較好				
肥料供應	追加氮肥		追加氮肥		入春開花期前添加海鳥磷肥
繁殖方法	可進行扦插		可進行扦插		播種、扦插，以扦插為主
病蟲害防治	入夏前進行強剪以維持通風	適度遮陰梅雨季節盡量不直接淋到雨水，盆器栽種可以移至屋簷下			勤於修剪與增加排水
其他	一旦薰衣草開花，也要加以修剪，可同時進行採收，並避免防止水分蒸散				

Q 薰衣草到了夏天就會枯萎，
有甚麼解決的辦法？

一般居家種植，不免會面臨薰衣草、鼠尾草、百里香等香草植物，無法過夏的窘境。在此有三個建議：

1. 夏季經常會有高溫多濕的狀況，因此增加排水尤其重要，土壤務必等到即將乾燥時再供水。
2. 勤於修剪，通常會在進入夏季前的梅雨季節期間，進行強剪。
3. 維持日照，不能因為高溫就移到室內擺放。

最後就是平常心，有很多同好都曾經栽種薰衣草失敗，請千萬不要因此傷心或灰心。找出問題點，選擇合適的季節再栽種即可。

進入夏季，薰衣草經常因高溫而枯萎。

中秋節後，薰衣草就會恢復生機。

唇形花科。多年生草本植物

薄荷 MINT

學名／*Mentha spicata*

消除疲勞、助消化

＼ 口感與香氣 ／

薄荷具有薄荷腦成分，香氣帶特殊甘甜味，口感清涼，經常被添加在茶飲中，薄荷紅茶更是耳熟能詳的夏季清涼飲料，能消除暑氣。

＼ 泡茶的部位 ／

葉、花、莖皆可入茶飲，葉部位的精油產生量最多，可直接採摘葉片加以使用。從早期即是東西方國家使用最多的香草植物，在台灣最受歡迎的青草茶中，也會添加。

＼ 採收季節與方式 ／

一年四季都可採收，春季成長最好，採收的薄荷也最為香甜。採摘下來的枝條放入水瓶，可以保持較長的翠綠時間，建議可在早晨於陽台採摘，帶進辦公室插在水杯或小瓶，需要時再加以沖泡，隨時享受薄荷的茶飲樂趣。

＼ 身心功效 ／

清涼的香氣與口感，能夠提振精神、消除疲勞，此外也可以幫助消化，飯後飲用最為合適，脹氣時飲用也有緩和的效果。

 尤老師小提醒

薄荷很適合與其他茶飲用香草一起搭配沖泡。除了用 80℃ 左右的熱水沖泡外，直接使用冷開水也能泡出香醇的口感。要注意薄荷不宜過量，且盡量不要空腹飲用。

適合沖泡茶飲的品種

茶飲家族

薄荷可以為茶飲帶來甘甜與清涼感，
可說是使用範圍最廣泛的茶飲香草。

基本款

瑞士薄荷

沖泡薄荷茶飲的基本款，香
氣適中，口感絕佳

胡椒薄荷

獨特的香氣與口感，可創造
生鮮茶飲的層次。

茱莉亞甜薄荷

具有極為甘甜的香氣與口感，
相當適合與其他男主角系列
的茶飲香草搭配。

最大眾

柳橙薄荷

清新的薄荷口感，再配上柳橙般的香氣，單獨沖泡就極具魅力。

荷蘭薄荷（皺葉綠薄荷）

目前台灣最常見的薄荷品種，取得最為容易，香氣與口感也最廣為接受。

英國薄荷

擁有高級香氣與口感的英國薄荷，適合下午茶，彷彿置身英國皇家貴族的聚會。

Q 薄荷種類很多，都適合泡茶嗎？

不一定，例如普列薄荷，最主要是作為芳香草坪使用；屬於薑味草屬的羅馬薄荷或科西嘉薄荷，主要是作為工業原料，都不適合用來泡茶。還有同為薄荷屬的鳳梨薄荷，茶飲的口感也不好。因此沖泡薄荷茶飲時，最好可以參考本書推薦的薄荷品種。

水果香氣

蘇格蘭薄荷

獨特的香氣與口感，非常適合女性愛好者。特別是搭配檸檬系列的女主角一起沖泡，充滿異國風情。

葡萄柚薄荷

具有水果香氣，適合與熱帶水果如鳳梨、芒果等一起沖泡成好喝的花果茶。

薄荷茶飲
私房搭配推薦 ☑ 單方 ☑ 複方

薄荷與日常生活息息相關，更可以加入茶飲中，創造飲茶的新風貌。
由於屬於男主角系列，因此幾乎所有的茶飲香草皆可搭配。

搭配 1 薄荷＋義大利香芹

義大利香芹帶有獨特
的果菜味，搭配口感
極佳的薄荷，特別適
合在飯後飲用，幫助
消化。

薄荷
10公分×3枝

義大利香芹
10公分×1枝

搭配 2 薄荷＋百里香＋迷迭香

二位男主角，再搭配
一位配角，可以感受
到茶湯的香醇。在吃
完大魚大肉後飲用，
作為聚餐飯後茶飲，
相當合適。

薄荷
10公分×2枝

百里香
10公分×2枝

迷迭香
10公分×1枝

搭配 3　薄荷＋檸檬羅勒

薄荷清涼的口感，搭配檸檬羅勒特有的檸檬香氣，很適合下午茶，搭配較為甜膩的糕點，讓身心放鬆。

薄荷
10公分×3枝

檸檬羅勒
10公分×2枝

搭配 4　薄荷＋檸檬香茅＋德國洋甘菊

若說春天最適宜喝哪款生鮮香草茶，我會毫不猶豫地告訴大家：就是這款茶飲！還記得剛開始接觸香草時，就是這款茶讓我愛上生鮮香草茶。薄荷的甘甜，檸檬香茅的清香，再配合德國洋甘菊獨特的蘋果香氣，簡直是絕配！

薄荷
10公分×3枝

檸檬香茅
10公分×3枝

德國洋甘菊
10-15朵

Q　薄荷喝多了會對身體不好嗎？

傳統上，東方國家總是有個錯誤觀念，認為薄荷會造成男性性功能的障礙，其實是多慮了，薄荷只是帶有清涼的香氣與口感，並不會造成這方面的影響。倒是薄荷由於會加速胃腸蠕動，所以空腹時切記盡量避免飲用，飯後則大大推薦。另外薄荷的品種部分可以彼此更換飲用。

搭配 5 薄荷＋紅茶

居家最方便，且馬上
就能沖泡飲用，甚至
在外面的手搖杯店家，
也有標榜這款茶飲，
解油膩、幫助消化，
最適合飯後飲用。

薄荷
10公分×3枝

紅茶
500毫升

其他搭配推薦

薄荷＋紫錐花

帶著薄荷的甘甜與紫錐花的優雅，在夏
季的午後，可以有效驅除暑氣。

薄荷＋鼠尾草

薄荷還有殺菌及預防感冒的效果，搭配
鼠尾草更可以加分。

紫錐花

鼠尾草

Q 巧克力薄荷真的有巧克力的香氣嗎？

巧克力薄荷，主要是因為葉片呈現巧克力色而命名，並不是由於香氣接近巧克力。為胡椒
薄荷的近緣品種，彼此間可互相替換。不過，「巧克力」的名稱，倒是引起小朋友的注意，
給小朋友飲用生鮮香草茶時，不妨添加這款薄荷品種，相信可以激起小朋友的興趣。

薄荷
栽培重點

在香草植物中，薄荷的種類最多。新手栽培香草植物時，我都會建議從薄荷開始，一來是由於它屬於多年生香草，二來繁殖方式非常多，舉凡扦插、壓條、分株或播種皆適宜。一年四季都可栽種及採收，其中以春、秋二季成長最好。

事項	春	夏	秋	冬	備註
日照環境	全日照	半日照	全日照	全日照	
供水排水	喜愛較潮濕的環境，但排水須順暢				
土壤介質	一般培養土或壤土				
肥料供應		入秋前 追加有機氮肥		入春前 追加有機氮肥	
繁殖方法	播種、扦插	開花期前 大量修剪	可進行扦插		播種、扦插、壓條、分株
病蟲害防治	春夏之際，特別在梅雨季節病蟲害較多，舉凡蝗蟲、蚱蜢、蝸牛等。最好在巡視時順帶捕抓；或是用葵無露、蒜醋水等加以驅趕		15℃以下成長較差，加以修剪採摘春季會成長更好		由於病蟲害集中春、夏，也可以透過大量修剪來解決
其他					

Q　薄荷為什麼不適合與其他香草合植？

薄荷的地下莖成長快速，很容易匍匐成長，加上需水性較強，與其他香草進行合植時，往往會搶奪水分及養分。另外，薄荷很容易雜交變種。建議可種植單獨一區，或是栽培在長條盆中，以方便管理。但是比較直立性的品種如荷蘭薄荷、瑞士薄荷可以例外。

Q　薄荷一到冬天為什麼經常會枯萎？

薄荷雖說是屬於多年生的香草，但由於冬季屬於薄荷的衰弱期，地上部位的葉、莖經常會有枯萎的現象。此時切記千萬不要丟棄或是整株挖起，因為到了氣候較為暖和的春季，會再重新萌芽並長出新葉。

薄荷的地下莖成長快速。

薄荷是最具代表性的香草，透過栽種薄荷，可以清楚了解香草植物的成長周期。

菊科。羅馬洋甘菊為多年生草本植物，德國洋甘菊為一年生草本植物

洋甘菊　GERMAN CHAMOMILE

學名／*Matricaria recutita*

保溫、預防感冒

＼ 口感與香氣 ／

含有甜沒藥醇的精油成分，精油並帶有天藍脛。香氣如蘋果般芬芳，且有甘甜的口感。相當適合女性與小朋友飲用。

＼ 泡茶的部位 ／

以花卉為主。開花期最早從 11 月開始，集中在每年的 3 至 5 月，是春季的代表性花卉。羅馬洋甘菊在台灣開花較不易，其葉片雖具蘋果香氣，但沖泡起來口感較不佳。

＼ 採收季節與方式 ／

在每年的 3 至 5 月，德國洋甘菊會大量開花，可直接採摘新鮮的花朵加以沖泡，特別是剛開花時香氣最為芳醇。雖然可以乾燥保存，然而在香氣及口感上，生鮮的德國洋甘菊花朵還是最佳。

＼ 身心功效 ／

洋甘菊具有保溫的效果，特別是在春季天氣較為多變化的時節，可以預防感冒，且有強壯的效用。另外也可以保護胃腸。非常適合在飯後、睡前加以飲用，對身體有很大幫助。

---

check **尤老師小提醒**

在國外，幾乎家家戶戶都會栽種洋甘菊，一年生的德國洋甘菊主要作為茶飲使用，多年生的羅馬洋甘菊則應用於芳香草坪及精油萃取。屬性相當溫和，加上較無禁忌，因此可說是男主角中最溫和的茶飲香草，只是受限於季節因素，無法全年使用。

適合沖泡茶飲的品種

茶飲家族

菊科的香草植物可以入茶的種類很多，
其中以洋甘菊系列最具代表性。

主要使用
花卉

德國洋甘菊

花朵充滿蘋果香氣，屬於一年
生，入夏前會枯萎，可在每年
中秋節左右播種。

羅馬洋甘菊（花）

葉片雖具香氣，然而泡茶還是在
花卉部分，冬天有一定低溫，隔
年春天才會開花。

Q 羅馬洋甘菊的葉片可以沖泡茶飲嗎？

有關洋甘菊的部分，在國外都是使用其花卉，並沒有
用羅馬洋甘菊的葉片來沖泡茶飲。雖說其葉片帶有蘋
果香氣，然而其口感較花卉而言不佳。

洋甘菊茶飲
私房搭配推薦　☑ 單方　☑ 複方

金黃與白色的花朵，散發甘甜的蘋果香氣，協調性很好，
與任何茶飲用香草沖泡起來，都非常好喝。

搭配 1　德國洋甘菊＋玫瑰天竺葵

德國洋甘菊和玫瑰天
竺葵，都是春季生機
盎然的香草植物，兩
相搭配，香氣芳醇，
口感極佳，可說是大
自然春天的恩典。

德國洋甘菊
10-15朵

玫瑰天竺葵
10公分×2枝

搭配 2　德國洋甘菊＋甜羅勒＋檸檬天竺葵

珍貴的德國洋甘菊花
朵，搭配甜羅勒的厚
實口感，再加入帶有
檸檬香氣的天竺葵，
可使茶湯多層次呈現。
最適宜在春天午後飲
用，若是搭配些鹹味
小餅乾也很棒。

德國洋甘菊
10-15朵

甜羅勒
10公分×1枝

檸檬天竺葵
10公分×1枝

搭配 3　德國洋甘菊＋檸檬馬鞭草

受女性喜愛的檸檬馬
鞭草，具有保護胃腸
的功效，搭配德國洋
甘菊的保溫效果，還
可以驅除冬春之際的
冷涼，帶來溫暖。

德國洋甘菊
10-15朵

檸檬馬鞭草
10公分×2枝

搭配 4　德國洋甘菊＋薰衣草＋百里香

完全的男主角茶飲組
合，彼此的香氣特徵明
顯。適合在倦累的時候
飲用，更能彰顯消除疲
勞的效果。

德國洋甘菊
10-15朵

薰衣草
10公分×2枝

百里香
10公分×2枝

Q　德國洋甘菊的花如何採收？可以乾燥嗎？

德國洋甘菊屬一年生香草，僅僅在冬春之際開花，一旦豐收，花卉數量很多，無法一時
喝完，可以在開花時加以採摘，收集放在篩子中陰乾，然後放入消毒過的密封罐，置於
冰箱保存。如此，就算是在躁熱的夏季，也可以品嘗到德國洋甘菊的滋味了。然而乾燥後，
甘甜度會消失，沖泡的茶飲通常香氣會過於濃郁，口感較差，此時建議可以少量添加。

搭配 5 ▶ 德國洋甘菊＋牛奶

在歐美的家庭，睡前會喝一杯熱騰騰的牛奶，來幫助睡眠。特別是在寒冷的冬春之際。總是會再添加洋甘菊，除了增加牛奶的香氣，更有保溫的效果，身心放鬆，一覺好眠到天明。

德國洋甘菊
10-15朵

牛奶
300毫升

其他搭配推薦

洋甘菊＋檸檬香蜂草

同屬保溫祛寒功效的兩種香草，相得益彰，相輔相成。

洋甘菊＋香菫菜

同為春天開花的香草植物，兩種花卉點綴茶湯，相當具有魅力。

檸檬香蜂草

香菫菜

Q 在國外有黃色花瓣的黃花洋甘菊，台灣好像比較少見？

在國外常見的黃花洋甘菊，目前尚未引進國內。主要是作為染色用，並不會添加入茶飲。另外，羅馬洋甘菊也有複瓣的品種，尚未引進台灣，因為它們耐寒性強，在台灣栽培較不易，然而由於香草植物目前相當風行，假以時日，或許可在台灣發現其蹤跡。

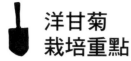

洋甘菊
栽培重點

台灣的的氣候與環境,非常適合德國洋甘菊的成長,3 至 5 月開滿金黃與白色的花朵,是香草花園中春天必種的香草品種。羅馬洋甘菊在台灣較不容易開花,一般是用在庭院作為芳香草坪,躺臥在其中,可以感受「大地的蘋果」溫暖懷抱。

事項	春	夏	秋	冬	備註
日照環境	全日照		全日照	全日照	
供水排水	若使用市面上販售的培養土,除了原有的泥炭土,最好能再添加椰纖來增加排水性				盡量避免土壤過濕
土壤介質	以排水性好、保水性佳、通氣性強的沙質性壤土最合適				
肥料供應	添加氮肥			添加氮肥	冬春之際開花期前可添加海鳥磷肥
繁殖方法	盡量摘蕾		中秋節後進行播種	移植及定植	
病蟲害防治	入春易有蚜蟲,噴灑葵無露或是蒜醋水	不易過夏			
其他	羅馬洋甘菊雖然是多年生草本植物,但在台灣也比較無法過夏				

Q 洋甘菊為什麼到夏天就會枯萎？

無論是一年生的德國洋甘菊，或是多年生的羅馬洋甘菊，在台灣幾乎都不容易過夏。德國洋甘菊遇到梅雨季節，葉片就會開始枯黃，入夏之前則會正常地完全枯萎。至於羅馬洋甘菊也會受夏季高溫多濕，造成爛根現象，而無法順利過夏。因此栽種洋甘菊要以平常心面對，每年都要有重新種植的心理準備。

Q 洋甘菊經常會葉片枯黃該如何處置呢？

入春後，德國洋甘菊往往會因為蚜蟲肆虐，使得尚未開花，葉片就會漸漸枯黃，最後完全枯萎。由於蚜蟲是「螞蟻的乳牛」，一旦發現植株周遭螞蟻變多，就可能會有蚜蟲產生，因此在入春之後，盡量每週進行噴灑葵無露或是蒜醋水來加以防治。另外也要盡量避免土壤過濕，並保持良好的通風，經常修剪枯黃的葉子，就會順利開出花來。

具有檸檬醛等化學成分，

帶檸檬香氣，

建議彼此不要互相添加，

以免影響香草茶的口感。

女主角

香草植物在台灣已經發展 20 多年，近年來逐漸嶄露頭角，廣受歡迎。
香草植物如今常見於台灣各大苗圃及花市，特別是檸檬系的香草，也
就是含有檸檬酸、檸檬醛或檸檬酚成分的香草植物，更占有極重要的
角色，很受女性喜愛，所以總稱之為「女主角」。

在一部電影中的女主角，絕對是最吸引觀眾目光的，正如檸檬系香草
在香草茶飲中的地位；而且，女主角最好一位就夠了，否則會彼此搶
戲。本書中列舉了六位女主角，讓我們一一為您介紹。

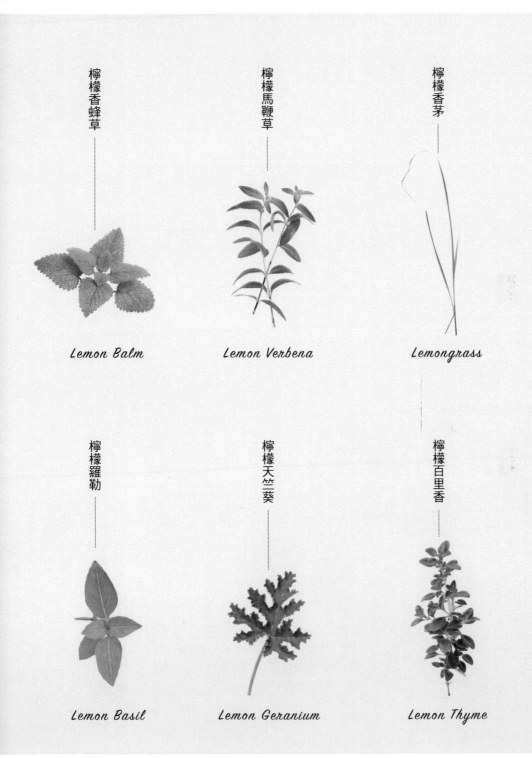

檸檬香蜂草

Lemon Balm

檸檬馬鞭草

Lemon Verbena

檸檬香茅

Lemongrass

檸檬羅勒

Lemon Basil

檸檬天竺葵

Lemon Geranium

檸檬百里香

Lemon Thyme

唇形花科。多年生草本植物

檸檬香蜂草 LEMON BALM

學名／*Melissa officinalis*

增加免疫力、利尿

＼ 口感與香氣 ／

檸檬香蜂草可直接稱為「香蜂草」，帶有極重的檸檬香氣，口感上則相當溫和。外型與薄荷類似，香氣與口感則大為不同。

＼ 泡茶的部位 ／

葉、莖皆可直接泡茶，由於台灣的氣候條件，並不會開花。在國外也會將花卉部位加入茶飲。葉片較大，且經常有枯黃現象，沖泡茶飲還是以新鮮的綠嫩葉為主。

＼ 採收季節與方式 ／

全年皆可採收，唯獨夏季會因為高溫多濕，成長狀態較差。採收時可從頂端算起，約 10 公分的芽點位置剪下，用清水漂洗後即可沖泡。

＼ 身心功效 ／

香蜂草無論在國內、外都是運用極為廣泛的保健香草。除了增加免疫力，強健身體，還有利尿、助消化等功效。

---

check **尤老師小提醒**

可在享用完早餐後，到陽台或庭院直接採摘新鮮的檸檬香蜂草葉，加以沖泡，為一天帶來活力。經常採摘，也順帶進行修剪，成長會更好。在沖泡方面，熱水不宜超過 80℃，否則葉片容易發黑，色澤也會不夠美麗。

檸檬香蜂草茶飲
私房搭配推薦　☑ 單方　☑ 複方

檸檬香蜂草在所有女主角系列中，非常適合單獨沖泡，在國內，甚至還有乾燥起來做成即溶茶包。然而若是與男主角系列的香草一起合泡，也很搭配，是女主角系列香草中挺受歡迎的品種。

搭配 1　檸檬香蜂草＋紫羅蘭

金黃色茶湯的檸檬香蜂草，搭配紫色花卉的紫羅蘭，不但香氣令人放鬆，視覺上也達到了唯美的境界。

檸檬香蜂草
10公分×3枝

紫羅蘭
5-8朵

搭配 2　檸檬香蜂草＋百里香＋薰衣草

最佳女主角搭配好喝的兩位男主角，無論是在口感或整體的協調方面，都能創造出茶飲的樂趣。特別是在寒冷的季節，可以達到預防感冒及保溫的效果。

檸檬香蜂草
10公分×2枝

百里香
10公分×3枝

薰衣草
10公分×2枝

Q 檬香蜂草有一種金黃色葉片的，同樣也可以沖泡成茶飲嗎？

這款香蜂草，稱之為「黃金香蜂草」，金黃色的葉片，非常討喜。當時
引進台灣，主要是作為觀賞用，也就是園藝造景的價值比較高。同樣具
有檸檬香氣，可以運用在茶飲，只是在口感上，較一般香蜂草來得差。

搭配 3 檸檬香蜂草＋迷迭香

在早晨上班或上學之
前，總是要先享用一
頓美好的早餐，用完
餐後，很適合泡上一
杯這兩種香草的複合
茶，以提振精神。也
可以在午餐後飲用，
讓整個下午精神飽滿。

檸檬香蜂草　　　迷迭香
10公分×3枝　　　10公分×1枝

搭配 4 檸檬香蜂草＋薄荷＋鼠尾草

清新的檸檬香蜂草，搭
配清涼幫助消化的薄
荷，再加上帶來強壯的
鼠尾草，最適宜在精神
不振時飲用。

檸檬香蜂草　　　薄荷　　　　鼠尾草
10公分×2枝　　　10公分×2枝　　　10公分×1枝

搭配 5 檸檬香蜂草＋蘋果汁

蘋果汁含有豐富的營養素，配上檸檬香蜂草，可說是相得益彰。在與親密的好友或家族聚會時一起飲用，可做為最好的情感潤滑劑。

檸檬香蜂草
10公分×3枝

蘋果汁
300毫升

其他搭配推薦

檸檬香蜂草＋德國洋甘菊

男女主角的搭配，像是在春天譜下愛的戀曲，香氣口感兼備。

檸檬香蜂草＋天使薔薇

檸檬香蜂草搭配漂亮的花旦，滿足了我們在視、味、嗅的三重享受。

德國洋甘菊

天使薔薇

Q 檸檬香蜂草不是薄荷的一個種類嗎？

檸檬香蜂草的外型類似薄荷，甚至有「檸檬香水薄荷」的別名。兩者雖同為唇形花科，但並不同屬。仔細對照葉片，薄荷多為橢圓或圓葉，葉緣平滑；香蜂草則是卵狀，並帶有鋸齒。另外再補充一點，在薄荷眾多的品種中，並沒有「檸檬薄荷」這品種。薄荷與香蜂草在春季成長良好，冬季是薄荷的衰弱期，而香蜂草的衰弱期則是在夏季。

檸檬香蜂草
栽培重點

栽種香蜂草，重點是要勤加修剪。當我們從幼株開始種起，先進行一波修剪，會讓其再萌生出新芽。待根部盤繞穩固時，更要進行換盆，也就是從 3 吋盆移植到 5 吋盆，若是能露地種植，可在中秋節過後進行定植。

事項	春	夏	秋	冬	備註
日照環境	全日照	半日照	全日照	全日照	
供水排水	性喜濕潤土壤				
土壤介質	一般培養土或壤土皆可				
肥料供應	入春成長快速時，可添加有機氮肥				扦插期不需施肥
繁殖方法	扦插		扦插		
病蟲害防治	進入夏季之前進行強剪	高溫多濕容易發生葉片水傷、枯黑	中秋節過後恢復良好成長		春夏之際蟲害較多，可採用有機法防治
其他	進行扦插時，由於葉片較大，剪下約 5-10 公分的葉枝時，葉片部最好剪掉約 2/3，入土前也要在枝條最底部剪出斜面，以幫助發根				

馬鞭草科。多年生草本植物

檸檬馬鞭草 LEMON VERBENA

學名／*Aloysia triphylla*

清熱、利尿、強身

＼　口感與香氣　／

檸檬馬鞭草的檸檬香氣屬於清淡優雅，所以非常受歡迎。再加上口感非常好，很適合與男主角或配角的茶飲香草一起沖泡。

＼　泡茶的部位　／

主要是採摘新鮮的嫩葉，枝條也可以沖泡，但是莖會木質化，所以盡量以嫩枝為主。在每年秋初會開出乳白色的花朵，也可同時加入茶飲。

＼　採收季節與方式　／

春、夏、秋三季，檸檬馬鞭草成長最好，此時節採摘下來的嫩葉，香氣最為芳醇。可在植株的芽點上方修剪下來即可，同時也能促進其再萌生新芽。

＼　身心功效　／

在國外經常被使用於身心療癒方面，具有清熱、利尿、強身等功效，還有幫助消化及鎮靜作用。屬於保健用的香草。

check 尤老師小提醒

由於具通經作用，懷孕期間避免大量飲用。除了運用在茶飲外，新鮮的嫩葉也可以搭配雞肉或魚類料理一起烹調。

檸檬馬鞭草茶飲
私房搭配推薦　☑ 單方　☑ 複方

檸檬馬鞭草可說是最受歡迎的茶飲香草，市面上乾燥的馬鞭草，其香氣口感比較不佳，近年來大都以新鮮檸檬馬鞭草直接沖泡。目前台灣的各大西式餐廳，多以它作為沖泡茶飲的香草。

搭配1 ▷ **檸檬馬鞭草＋天使薔薇**

檸檬馬鞭草的檸檬香氣，搭配天使薔薇的花朵，無論是香氣口感或視覺效果上，都有加分的效果。

檸檬馬鞭草　　　　天使薔薇
10公分×3枝　　　　10-12朵

搭配2 ▷ **檸檬馬鞭草＋百里香＋德國洋甘菊**

春天百花盛開，檸檬馬鞭草宜人的檸檬香氣，搭配百里香的厚實口感，加上德國洋甘菊的蘋果香。果香、花香，最適合春日飲用。

檸檬馬鞭草　　　　百里香　　　德國洋甘菊
10公分×2枝　　　10公分×2枝　　　10-15朵

Q 檸檬馬鞭草適合與其他檸檬系的女主角香草一起沖泡嗎？

由於檸檬系列的女主角茶飲香草，同時都具有檸檬香氣，如果彼此搭配在一起沖泡，會造成香氣及口感上混淆，因此建議要讓茶飲具有層次感，最好可以搭配男主角或配角一起來沖泡。

搭配 3 檸檬馬鞭草＋奧勒岡

奧勒岡具有豐富的營養價值，檸檬馬鞭草和奧勒岡的複合茶，最適合在酷熱的夏天飲用，若是能加上冰塊，更能達到消暑的功能。

檸檬馬鞭草　　　　奧勒岡
10公分×3枝　　　10公分×1枝

搭配 4 檸檬馬鞭草＋薰衣草＋迷迭香

這款複方茶中的男、女主角，都是最受歡迎的香草植物，並且可以藉由自己栽種而取得。再加上許多人都有種植的配角茶飲香草：迷迭香，香氣口感兼具，最適合飯後飲用。

檸檬馬鞭草　　　薰衣草　　　迷迭香
10公分×2枝　　10公分×2枝　　10公分×1枝

搭配 5 檸檬馬鞭草＋綠茶

我經常在茶飲教學的課程中,沖泡這款茶飲,總是得到許多好評。因為材料取得容易,當親朋好友來家中拜訪時,可以馬上沖泡一起享用。

檸檬馬鞭草
10公分×3枝

綠茶
300毫升

其他搭配推薦

檸檬馬鞭草＋向日葵

適合在夏天向日葵開花的時節來加以飲用,視覺效果百分百。

檸檬馬鞭草＋鼠尾草

鼠尾草也一樣具有幫助消化的效果,非常適合飯後飲用。

向日葵　　　　　　　鼠尾草

Q 檸檬馬鞭草除了泡茶以外,還有其他運用嗎?

生鮮葉片可以直接裝進布包,放入浴缸內,再加以全身浴,會有保溫效果。或將葉片乾燥後,塞入枕頭之中,製作成香草枕頭,可幫助睡眠。也能提煉成精油,運用在芳香、美容等方面。

檸檬馬鞭草
栽培重點

馬鞭草科的植物有許多品種，其中在香草植物裡最具代表性的就是檸檬馬鞭草。由於外型相當討喜，又有極佳的檸檬香氣，因此非常受女性喜愛。可以在春天選購幼苗開始栽種，露地栽培或盆器栽培皆可。

事項	春	夏	秋	冬	備註
日照環境	全日照	全日照	全日照	全日照	
供水排水	排水順暢，比較喜歡微微乾燥的環境，應避免根部過於潮濕				
土壤介質	喜歡乾燥且肥沃的土壤				
肥料供應	追加氮肥		追加氮肥		
繁殖方法	播種、扦插	扦插			播種與扦插為主，扦插發根率較不高
病蟲害防治	修剪後施予含有氮素的有機肥		修剪後施予含有氮素的有機肥	葉片易枯黃，可將枯葉部位加以修剪	病蟲害並不嚴重
其他	除了冬季適應力較弱外，其他季節皆成長良好				

禾本科。多年生草本植物

檸檬香茅 LEMONGRASS

學名／*Cymbopogon citratus*

消暑、促進食慾

口感與香氣

香氣帶著濃郁的芬芳。在台灣相當受歡迎，台灣南部甚至還有檸檬香茅火鍋的專賣店，是口感接受度非常高的女主角香草。其溫和的口感也非常適合運用在生鮮茶飲中。

泡茶的部位

屬於根出葉型的香草，莖短縮，莖部通常會切成段狀，加入料理，但在泡茶方面，主要是使用長葉，剪成 10 公分左右的長度。另外，檸檬香茅也會開花，但通常不會利用此部位。

採收季節與方式

全年可採收，在季節上，從春入夏的新葉期，香氣最為芳醇。但冬季狀況比較差，要避免使用枯黃的葉片。可以在春、夏、秋三個成長較好的季節，修剪葉片，加以乾燥保存，然而還是以新鮮葉片沖泡最為好喝。

身心功效

在高溫的夏季，可以運用檸檬香茅加以沖泡，具有幫助消化、消暑的功效，另外也能促進食慾。雖說外型比較不討喜，但在許多東南亞國家，被視為解暑最佳的茶飲。

 尤老師小提醒

檸檬香茅的外型與芒草類似，因此首先要確認其檸檬香氣。若是大量採收，最好戴上手套，以防止手指被葉緣割到。檸檬香茅具有較多檸檬醛成分，所以沖泡茶飲盡量避免大量使用，否則會有輕微的不適感。

檸檬香茅茶飲
私房搭配推薦　☑ 單方　☑ 複方

檸檬香茅比較適合複方，與男主角系列的香草非常搭配。我最早期是在恆春開始種植香草植物。當年春天，除了檸檬香茅長新葉外，德國洋甘菊也適時地開出花來，再加上也同時開花的薰衣草，這三種的複方茶，能幫助消化，驅除寒意，是我認為最具春天代表性的茶飲。

搭配 1　　檸檬香茅＋金銀花

金銀花具有祛毒解熱的效果，與消除暑意的檸檬香茅非常搭配，適合在高溫多濕的夏季沖泡飲用。

檸檬香茅
10公分×3片

金銀花
10-15朵

搭配 2　　檸檬香茅＋德國洋甘菊＋薰衣草

與男主角系列香草相當搭配的檸檬香茅，可有效地幫助消化，建議可以在餐後沖泡飲用，同時也有消除疲勞的效果。

檸檬香茅
10公分×2片

德國洋甘菊
10-15朵

薰衣草
10公分×2枝

Q 　檸檬香茅可以和甜菊一起沖泡嗎？

可以，甜菊作為代糖，比較適合糖尿病者使用。但一般沖泡香草茶，通常不會添加太多甜菊或是不添加，過多的甜菊會導致茶湯的口感不佳。

搭配3 ▶ **檸檬香茅＋甜羅勒**

通常在夏季，容易因高溫而造成食慾不振，此時可在餐前喝檸檬香茅與甜羅勒的複方茶，增進食慾。

檸檬香茅
10公分×3片

甜羅勒
10公分×1枝

搭配4 ▶ **檸檬香茅＋百里香＋玫瑰天竺葵**

女主角搭配男主角與配角，可說是完美的組合。百里香能夠預防感冒，玫瑰天竺葵具有殺菌效果，很適合在季節轉換之際飲用。

檸檬香茅
10公分×3片

百里香
10公分×3枝

玫瑰天竺葵
10公分×1枝

搭配 5 　檸檬香茅＋紅豆湯

熬煮紅豆湯的同時，
試試加入檸檬香茅葉。
剪下 3 片約 10 公分的
檸檬香茅葉，或是直
接將 30 公分左右的葉
片捲起，放入鍋中，
記得起鍋後，要將檸
檬香茅取出，就會變
成更好喝的紅豆湯。

檸檬香茅
10公分×3片

紅豆湯
300毫升

其他搭配推薦

檸檬香茅＋義大利香芹

檸檬香茅與料理用的香草一起沖泡，通常
會有促進食慾的幫助，相當值得推薦。

檸檬香茅＋紫錐花

平凡的檸檬香茅葉片，搭配美麗的紫錐花，
增加茶飲的無比樂趣。

義大利香芹

紫錐花

Q　檸檬香茅適合在冬天飲用嗎？

非常適合，但由於在冬天成長緩慢，甚至常有黃葉的現象，此
時通常會以檸檬香蜂草為代替。另外檸檬香茅也可以跟料理用
的香草做為香草束，加入到火鍋或是高湯中，香氣清淡雅致。

檸檬香茅 栽培重點

檸檬香茅耐寒性低，相對耐暑性高，很適合春夏之際開始從幼苗種起，直到中秋節過後，便進行分株繁殖，若是能地植成長會更加旺盛，特別是選擇黏質性壤土中定植，例如陽明山土，最為合適。

事項	春	夏	秋	冬	備註
日照環境	全日照	全日照	全日照	全日照	性喜高溫
供水排水	兼顧保水及排水性				
土壤介質	黏質性壤土最為合適 適合露地種植				
肥料供應	春季時添加氮肥 幫助成長		追加氮肥		
繁殖方法	5～6 月開始種植幼苗		分株		播種與扦插為 主，扦插發根 率較不高
病蟲害 防治		夏季成長良 好，要適時 加以採收		耐寒性低， 修剪枯黃葉	甚少病蟲害
其他	台灣北部山區冬天容易枯萎				

唇形花科。一年生草本植物

檸檬羅勒 LEMON BASIL

學名／*Ocimum americanum* 'Lemon'

健胃、整腸

口感與香氣

帶有羅勒屬獨特的香氣，特徵明顯，加上檸檬的香氣，整體顯得非常協調。搭配其他茶飲用香草時，更能顯現其特徵，飲用非常順口。單獨沖泡的香氣與口感也非常芳醇與柔和。

泡茶的部位

嫩葉及嫩枝都可以加以沖泡，量不宜過多，否則會有辛辣感。夏秋之際為開花期，花卉部位可以直接使用，加入茶飲，香氣會更加濃郁。而且也可以順便摘蕾，以維持植栽養分，使它成長更為茁壯。

採收季節與方式

春、夏、秋三個季節，成長最為旺盛，可在此時進行採收並摘蕾。到了冬季，則會漸漸枯萎。由於是一年生的香草，必須在每年春季進行播種。

身心功效

適合飯後飲用，有健胃、整腸功效。在炎熱的夏季還有消暑的幫助，獨特檸檬香氣可加以提神。另外也兼具開胃、強壯作用。

 尤老師小提醒

尤其適合飯後或餐前飲用，但比較適合少量飲用，在炎熱的夏季沖泡也很合適。

檸檬羅勒茶飲
私房搭配推薦 ☑ 單方 ☑ 複方

檸檬羅勒在整個羅勒屬中，屬於比較特別的品種，獨特的辛辣感，比較適合與其他男主角或配角的茶飲香草一起沖泡。特別是薄荷類清涼口感，是絕佳的搭配。

搭配 1 檸檬羅勒＋接骨木花

在接骨木開花的時節，可以採摘花朵搭配檸檬羅勒，口感扎實，在疲倦時喝上一杯，可立即消除疲勞。

檸檬羅勒
10公分×3枝

接骨木花
1-3朵

搭配 2 檸檬羅勒＋柳橙薄荷＋甜薰衣草

在女主角茶飲系列中，檸檬羅勒最適合與男主角搭配。由於其本身也兼具配角羅勒的香氣，可讓茶湯顯現出層次感，適合在飯後加以飲用。

檸檬羅勒
10公分×2枝

柳橙薄荷
10公分×2枝

甜薰衣草
10公分×2枝

Q 檸檬羅勒跟其他女主角相比有何特色？

一般而言，其他的檸檬系香草，大都是純粹的檸檬香氣，所以口感會比較清淡。
檸檬羅勒則兼具了羅勒的香氣與口感，所以沖泡起來香氣會比較濃郁，口感兼具
女主角和配角的特色。

搭配 3 ▶ 檸檬羅勒＋玫瑰天竺葵

清新檸檬的香氣，搭
配玫瑰的花香，創造
出和諧的季節感。最
適合春暖花開或是春
夏之際沖泡，重點是
量不宜過多，且適合
飯後飲用。

檸檬羅勒
10公分×3枝

玫瑰天竺葵
10公分×1枝

搭配 4 ▶ 檸檬羅勒＋薄荷＋義大利香芹

檸檬羅勒的香氣，搭
配薄荷的清涼感，以
及義大利香芹獨特的
蔬菜香，很適合在飯
前飲用，能幫助開胃。

檸檬羅勒
10公分×3枝

薄荷
10公分×3枝

義大利香芹
10公分×1枝

搭配 5 檸檬羅勒＋綠豆湯

可以添加入綠豆湯的香草很多，如芸香、香蘭等，其中以添加檸檬羅勒最為獨特，除了提升綠豆湯的甘甜，更增加迷人香氣。

檸檬羅勒
10公分×3枝

綠豆湯
300毫升

其他搭配推薦

檸檬羅勒＋天使薔薇

天使薔薇帶來美麗的視覺色彩，特別是春夏之際或是夏秋之際，配合花期最為合適。

檸檬羅勒＋紅紫蘇

鮮豔的茶湯，可以促進食慾，適合飯前飲用。

天使薔薇

紅紫蘇

Q 若是沒有栽種檸檬羅勒，可用什麼香草來代替？

若是居家沒有種植檸檬羅勒，但又想要品嘗檸檬系香草的茶飲，可以用檸檬香蜂草或是檸檬百里香來代替。這兩種檸檬系香草，性質與檸檬羅勒較接近，但是不要彼此添加。

檸檬羅勒
栽培重點

檸檬羅勒屬於一年生耐寒性低的香草，在夏秋之際進入開花期，可以保留一些開花的枝條，讓其結種子。種子收成後可放在密封袋，置入冰箱冷藏室保存，待來年播種。種子為黑色微小，保存時宜小心操作，另外栽種過程須經常摘芯，以促進分枝再成長。

事項	春	夏	秋	冬	備註
日照環境	全日照	全日照	全日照		
供水排水	土壤即將乾燥時再供水，排水須順暢				
土壤介質	一般培養土或壤土				
肥料供應		於換盆或地植時夏秋之際添加氮肥			
繁殖方法	農曆新年過後進行播種（散播）間拔	· 夏秋之際可剪枝進行扦插 · 趁開花保存種子			播種的植株會比較茁壯
病蟲害防治	耐暑性較佳，春夏之際易滋生蟲害，可以用葵無露或蒜醋水來加以防治			15℃以下會枯萎	病蟲害較多可用有機法防治
其他	可以和耐寒性高的一年生香草，如金蓮花、香堇菜等一起輪作。為避免蟲害，也可以與細香蔥、芸香、艾菊等合植，以達到忌避共生的目的。				

牻牛兒苗科。多年生草本植物

檸檬天竺葵 LEMON GERANIUM

學名／*Pelargonium crispum*

美肌、改善皮膚老化

＼ 口感與香氣 ／

由於吸收性快，檸檬天竺葵在茶飲中，很快就會散發香氣。芳香天竺葵系列的獨特口感，顯得香醇，加上檸檬的香氣，很適合與男主角系列進行搭配。茶湯帶有濃濃的大自然氣息。

＼ 泡茶的部位 ／

葉、莖、花皆可入茶飲，其中又以葉片最具代表性。由於葉片較大，所含的精油量比較多，因此可以少量沖泡 3 至 5 片嫩葉。也可在開花期期間，純粹使用花朵泡茶，大約 3 至 5 朵，加 300cc 熱水。

＼ 採收季節與方式 ／

春天進入成長期，此時可採摘葉片進行沖泡，香氣也最芳醇。4 至 6 月則可改以花朵入茶。在沖泡前採摘葉花即可，若要保存，可置入冰箱冷藏室，約可放置 3 至 5 天。

＼ 身心功效 ／

檸檬天竺葵具有促進細胞活化，以及美肌的效果。沖泡成茶飲，有助改善皮膚老化。另外檸檬天竺葵若量太多，會造成口感不佳，反而會造成昏眩，請多加注意。

---

check 尤老師小提醒

沖泡時，葉片若遇過熱的開水，葉色會轉黃，因此建議使用 60℃ 左右的溫開水單獨沖泡，或是先沖泡其他茶飲香草，最後再加入檸檬天竺葵。

檸檬天竺葵茶飲
私房搭配推薦　☑ 單方　☑ 複方

檸檬天竺葵的香氣較為濃郁，因此使用上不宜過多，適量即可。
可單獨沖泡，也可搭配其他男主角或配角等茶飲香草。

搭配1　檸檬天竺葵＋紫雲英

紫雲英花朵可以食用，
和檸檬天竺葵葉片一
起沖泡，香氣宜人，
很適合春天飲用。尤
其初夏之際，可以在
梅雨季節轉換鬱悶的
心情。

檸檬天竺葵
5公分×2枝

紫雲英
10-12朵

搭配2　檸檬天竺葵＋齒葉薰衣草＋茉莉亞甜薄荷

使用齒葉薰衣草與薄
荷兩種男主角，再搭
配檸檬天竺葵，口感
協調，香氣具有層次
感。在飯後飲用，可
有效地幫助消化。這
款茶飲的薄荷，使用
了清涼及甘甜度最高
的茉莉亞甜薄荷。

檸檬天竺葵
5公分×2枝

齒葉薰衣草
10公分×2枝

茉莉亞甜薄荷
10公分×2枝

Q　一般的天竺葵都可以泡茶嗎？

天竺葵分為兩種：一般用來作為觀賞用的天竺葵園藝品種，以及具有香味的品種，總稱「芳香天竺葵」，兩者有極大的差別。芳香天竺葵的香氣包括玫瑰、檸檬、萊姆、鳳梨、椰香、蘋果等各式品種，上述的幾個品種，花朵皆可入茶，但若是沖泡葉片，以檸檬天竺葵最適宜。

搭配 3　檸檬天竺葵＋義大利香芹

檸檬天竺葵具有美肌的效果，義大利香芹則蘊含豐富的維他命群，是一款保健茶飲，特別推薦晚餐後飲用，可取代果菜汁的功能。

檸檬天竺葵
5公分×2枝

義大利香芹
10公分×1枝

搭配 4　檸檬天竺葵＋百里香＋甜羅勒

天氣由春漸漸入夏，甜羅勒開始萌芽，百里香維持著成長，此時也正是檸檬天竺葵成長最佳、甚至開花的季節。春夏之際，就來享用這三款香草的複方茶吧。

檸檬天竺葵
5公分×2枝

百里香
10公分×2枝

甜羅勒
10公分×1枝

搭配 5 檸檬天竺葵＋愛玉湯

一般在愛玉湯中都會添加檸檬，偶爾變換一下食材，改用檸檬天竺葵來代替，不僅保有檸檬的香氣，更可增加口感層次。

檸檬天竺葵
10公分×2枝

愛玉湯
300毫升

其他搭配推薦

檸檬天竺葵＋奧勒岡

奧勒岡與義大利香芹相同，帶有豐富的營養要素，可為健康加分。

檸檬天竺葵＋天使薔薇

天使薔薇可連同檸檬天竺葵的花朵一起沖泡，玫瑰與檸檬香氣，相得益彰。

奧勒岡　　　　　天使薔薇

Q 有一種叫做「防蚊草」的天竺葵，也可以泡茶嗎？

防蚊草同時具有類似檸檬及玫瑰般的香氣，其葉片沖泡茶飲，口感較差。因此大部分都是萃取蒸餾，取其純露做為防蚊液之用。雖有「防蚊草」之名，但實際上單靠植物本身並無法防蚊，必須靠採摘下來的莖、葉進行蒸餾，變成純露，然後噴灑在空氣之中，才有驅趕蚊蟲的作用。

檸檬天竺葵
栽培重點

在台灣的栽培環境中，以中秋節到隔年端午節生長最好。可以在入秋後購買植株，並剪下枝條進行扦插，適合的溫度約在 15 ～ 25℃，發根率很高，就算是新手也容易栽種。若能進行露地栽種，成長會更加快速。

事項	春	夏	秋	冬	備註
日照環境	全日照	半日照	全日照	全日照	
供水排水	土壤即將乾燥時供水，排水須順暢				
土壤介質	一般壤土或培養土皆可				
肥料供應	追加磷肥 增加開花性		追加氮肥		
繁殖方法	扦插		扦插		
病蟲害 防治	梅雨季前修除頂芽 入夏前進行強剪		中秋節過後 重新成長		病蟲害不多， 但常因高溫多 濕而枯萎
其他	進行摘芯，可促進再成長				

唇形花科。常綠小灌木

檸檬百里香 LEMON THYME
學名／ *Thymus x citriodorus*

鎮靜、殺菌、預防感冒

＼ 口感與香氣 ／

檸檬百里香除了含有檸檬醛，還具有麝香酚，兼有檸檬與麝香的香氣，口感上極為爽口。

＼ 泡茶的部位 ／

以葉、莖為主，特別是帶枝的嫩葉尤為合適。在春夏之際所開的花卉，也可以添加在至茶飲。

＼ 採收季節與方式 ／

在秋末入冬、春季成長最好，香氣也最為飽滿。夏季由於經常下雨，精油成分較淡。平常可直接採摘下枝葉，用濕紙巾包起，放入夾鏈袋，帶到辦公室，使用完午餐，便可作為茶飲沖泡。

＼ 身心功效 ／

與一般百里香相同，有鎮靜、殺菌、預防感冒、幫助消化的功效。鮮豔的葉色，為視覺帶來享受。另外清新的檸檬香氣與紮實的口感，更能讓人心情愉悅。

 尤老師小提醒

具有輕微的通經作用，在懷孕初期最好少量飲用。

檸檬百里香茶飲
私房搭配推薦　☑ 單方　☑ 複方

將檸檬百里香加入熱水，會沖泡出令人賞心悅目的金黃色茶湯。

可以單方沖泡，或是與其他男主角系列的香草一起沖泡，香氣及口感都非常清爽。

搭配 1 　檸檬百里香＋石竹

檸檬百里香鮮豔的葉
色，搭配繽紛的石竹
花卉，茶湯的香氣宜
人，色澤美麗。

檸檬百里香
10公分×5枝

石竹
5-8朵

搭配 2 　檸檬百里香＋德國洋甘菊＋荷蘭薄荷

可以輕易取得材料的
檸檬百里香與荷蘭薄
荷，加上春季獨有的
德國洋甘菊，可以為
春季午後，帶來美好
的下午茶時光。

檸檬百里香
10公分×5枝

德國洋甘菊
10-12朵

荷蘭薄荷
10公分×2枝

Q　檸檬百里香沖泡茶飲相當受歡迎的理由？

檸檬百里香是運用相當廣泛的女主角。由於葉片顏色相當美麗，可以增加視覺效果。適合下午茶的時光飲用，品嘗清新的檸檬香氣，是人氣非常高的香草植物。

搭配 3　檸檬百里香＋紫紅鼠尾草

百里香與鼠尾草都能夠預防感冒，使用檸檬系的百里香還可增加香氣，加上鮮豔的紫紅鼠尾草，相得益彰。

檸檬百里香
10公分×5枝

紫紅鼠尾草
10公分×1枝

搭配 4　檸檬百里香＋薰衣草＋奧勒岡

屬於男、女主角的薰衣草和檸檬百里香，再加一位配角奧勒岡，適合在心情起伏不定時，作為鎮靜及舒緩的茶飲。

檸檬百里香
10公分×5枝

薰衣草
10公分×2枝

奧勒岡
10公分×1枝

搭配 5 檸檬百里香＋花生湯

無論是在超市購買或
者自家煮的花生湯，
都可以試試加入檸檬
百里香，增添些許檸
檬香氣，讓花生湯更
好喝。

檸檬百里香
10公分×5枝

花生湯
300毫升

其他搭配推薦

檸檬百里香＋蝶豆花

天藍色的茶湯，搭配清新的檸檬香
氣，最適宜女性及小朋友飲用。

檸檬百里香＋迷迭香

具有提神與強壯的功效，適合上班族
在辦公室飲用，消除疲勞。

蝶豆花　　　　　　　　　迷迭香

Q 檸檬百里香除了運用於茶飲，還有其他用途嗎？

檸檬百里香還能加入烘焙與料理。對於喜歡用百里香入菜的香草同好，有時可以更換成
檸檬百里香，變化一下視覺、味覺、嗅覺的體驗。

檸檬百里香
栽培重點

檸檬百里香可說是茶飲用香草花園中，必備的香草植物。在栽種上，又比一般的百里香來得好照顧，除了夏季須注意高溫多濕所導致的爛根枯萎，其他季節都很好栽種。

事項	春	夏	秋	冬	備註
日照環境	全日照	半日照	全日照	全日照	晝夜溫差大可促進開花
供水排水	排水須順暢，盆植等土壤即將乾燥再一次澆透。若是露地種植，一定要堆壟挖溝				
土壤介質	砂質性的壤土為佳，排水性好、保水性佳、通氣性強				
肥料供應	修剪換盆後施予基肥		修剪換盆後施予基肥		
繁殖方法	扦插 壓條		扦插 壓條	扦插 壓條	播種、分株、扦插、壓條皆可
病蟲害防治	入夏前勤加修剪	成長變緩			甚少病蟲害
其他	檸檬百里香盡量要加以採摘，如此才會成長更加良好特別是經過摘芯之後，更能促進分枝長出側芽或是頂芽出來				

香氣相當濃郁，

少量添加就夠，

盡量搭配男、女主角。

配角

在茶飲中擔任配角的香草植物，幾乎都能運用在料理方面。像是甜羅勒、奧勒岡可搭配生菜沙拉生食，或是加熱後食用；迷迭香、鼠尾草等香草則是取其香氣，但不直接食用，例如彼此搭配做成香草束，添加在高湯，或是剁碎後加熱再食用；最後就是乾燥後再加以利用，也就是俗稱的香料，例如義大利香芹等。

這些料理用的香草植物，由於味道比較濃郁與扎實，所以適合少量添加，正如電影的安排，配角千萬不能搶了男、女主角的光彩。

作為配角的幾種香草，大部分都含有豐富的維他命，多樣性的香氣與口感，可視個人的喜好來添加，提升香草茶飲層次。

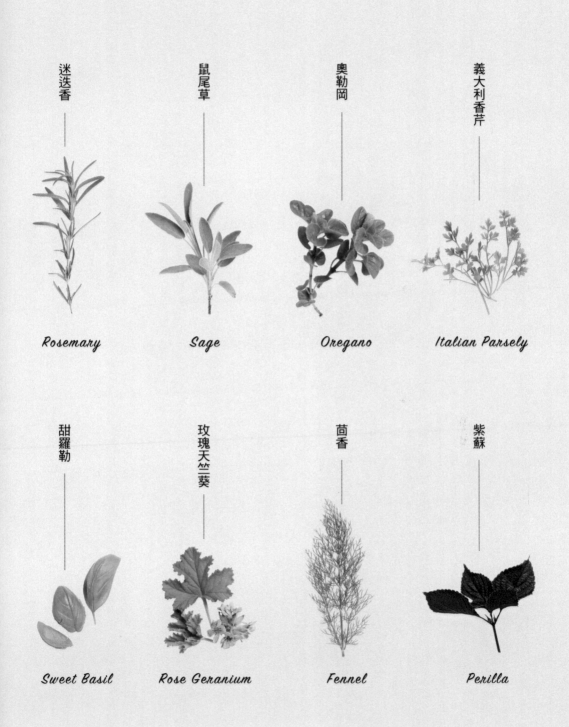

迷迭香
Rosemary

鼠尾草
Sage

奧勒岡
Oregano

義大利香芹
Italian Parsely

甜羅勒
Sweet Basil

玫瑰天竺葵
Rose Geranium

茴香
Fennel

紫蘇
Perilla

唇形花科。常綠灌木

迷迭香

ROSEMARY

學名／*Rosmarinus officinalis*

安神、幫助記憶

＼ 口感與香氣 ／

帶有濃郁的香氣，其中含有類似樟腦的化學成分。口感則是相當渾厚，因此大都運用在料理上，達到去腥效果，泡茶則為少量添加。

＼ 泡茶的部位 ／

葉、莖都可以使用，由於經常會木質化，因此泡茶時比較適合以嫩枝、嫩葉為主。匍匐性的迷迭香開花性較強，如藍小孩迷迭香，花卉部位也可以加以沖泡。

＼ 採收季節與方式 ／

由於是常綠灌木，一年四季皆可採收，其中又以春季的香氣最為芳醇。採摘時，從頂芽或側芽的尖端，算起約 10 公分處剪下。

＼ 身心功效 ／

迷迭香在歐洲有「魔法香草之稱」，具有強壯、安神及幫助消化等作用。另外還有幫助記憶的功效。自古就有一種說法，迷迭香能保持青春美麗，並讓全身充滿活力。

check 尤老師小提醒

迷迭香具有如森林般的香氣，在採摘的過程，經常會聞到陣陣濃郁的氣味。由於味道過於強烈，比較適合少量運用。懷孕期間也須減量。

茶飲家族

常見的迷迭香，雖然不是茶飲香草的男主角，
但絕對是最稱職的配角。

直立迷迭香

屬於最基本款，在苗圃或花
市經常可以發現這款品種，
香氣最為濃郁。

匍匐迷迭香

開花性強，花卉可以入茶飲，
同時兼具觀賞價值。

藍小孩迷迭香

常見的匍匐性品種，可以連
花帶枝葉，一起沖泡茶飲。

Q 迷迭香各品種的氣味厚薄，該怎麼選擇？

直立性品種的迷迭香，香氣較匍匐性迷迭香來得濃郁。因此如果希望味道濃一點，可以添加直立性迷迭香，如寬葉、針葉；斑葉品種；相對地，若希望享受清淡的感覺，則以匍匐性類型的迷迭香為主。

斑紋效果

寬葉迷迭香

葉片較寬，通常多運用於料理，但可少量入茶。

針葉迷迭香

葉形針狀對生，也可少量入茶。

斑葉迷迭香

比較特殊的迷迭香品種，斑葉外型可增加視覺享受。

迷迭香茶飲
私房搭配推薦　☑ 複方

單獨沖泡迷迭香飲用，總是會讓初次喝香草茶的人感到不適應，主要原因來自其太過濃郁的
香氣及口感，因此建議沖泡迷迭香時，一定要搭配男、女主角，比較適合。

搭配 1 ▶ 迷迭香＋薄荷

薄荷的清涼感，加上
有提神作用的迷迭香，
很適合在享用完早餐
後，來上一杯，帶來
一天的精神順暢，活
力滿滿。

迷迭香　　　　薄荷
10公分×1枝　10公分×3枝

搭配 2 ▶ 迷迭香＋檸檬香蜂草＋金魚草

搭配女主角檸檬香蜂
草，讓迷迭香的配角
角色鮮明，口感富有
底蘊。再加上美麗的
金魚草花朵，在茶湯
中載浮載沉，充滿大
自然的氣息。

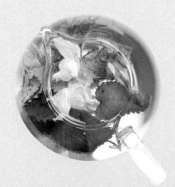

迷迭香　　　檸檬香蜂草　　金魚草
10公分×1枝　10公分×2枝　5-10朵

Q **迷迭香的味道濃郁，要如何控制數量加入茶飲中，比較合適？**

迷迭香是配角用的香草茶飲，也就是說不適合單獨沖泡茶飲。但加入其他複方香草茶，或是咖啡、酒類都非常搭配。建議初期可以先使用 5 公分 1 枝左右，若不夠濃郁，再用 10 公分 1 枝，但不要再超過此範圍。

搭配 3 ▷ **迷迭香＋檸檬香茅**

檸檬香茅具有柔化茶湯的作用，在午、晚餐的飯後，喝上一杯，能消除胃脹及幫助消化。

迷迭香
10公分×1枝

檸檬香茅
10公分×2片

搭配 4 ▷ **迷迭香＋威士忌**

迷迭香搭配白酒系列非常合適，除了降低酒精的辛辣感，還會有果香的甘甜，喜歡小酌的朋友可以嘗試看看。

迷迭香
10公分×1枝

威士忌
50毫升

搭配 5 迷迭香＋咖啡

參加農園課程的同好，
總是覺得我沖泡的迷
迭香咖啡特別好喝。
主要是由於迷迭香加
上三合一即溶咖啡後，
咖啡中會帶有薑味。
尤其是在陰雨綿綿的
天氣，可以溫暖身體，
達到保溫的功效。

迷迭香
10公分×1枝

咖啡
500毫升

其他搭配推薦

迷迭香＋百里香

具有殺菌、強壯的功效，很適合在氣
候轉變的季節飲用。

迷迭香＋檸檬羅勒

芳香與濃郁的香氣及口感，可以消除
煩悶、抒解壓力。

百里香

檸檬羅勒

Q 迷迭香除了茶飲外，還有什麼生活運用？

在南歐料理中，經常搭配羊、雞等肉類。另外也可以與起司、番茄、馬鈴薯等共同烹調。
由於適合長時間烹調，因此也可加入香草束中。迷迭香精油則具有收斂效果，可保養肌膚，
作為沐浴乳或潤絲精相當合適。在景觀方面，迷迭香更是香草花園中不可缺少的品種。

迷迭香
栽培重點

迷迭香是香草花園常見的香草植物，成長快速，目前在台灣過夏也比較沒問題。如果從播種開始栽培，可能需要一些時日，待種子萌芽後，也需進行間拔，讓成長良好的幼苗留下來持續成長，然後在根系發展完全後，還要進行移植或定植。因此大都以扦插法進行繁殖。

事項	春	夏	秋	冬	備註
日照環境	☀ 全日照	☀ 全日照	☀ 全日照	☀ 全日照	**晝夜溫差大可促進開花**
供水排水	要注意排水順暢，盡量於土壤乾燥後再澆水				
土壤介質	砂質性壤土或一般培養土				
肥料供應		入秋前追加有機氮肥		入春前追加有機氮肥	
繁殖方法			從中秋節過後到隔年端午最適合繁殖		**播種、扦插以扦插法為主**
病蟲害防治		忌諱夏季高溫多濕的氣候，須勤加修剪			
其他	迷迭香露地栽種時，株間約維持在 40 ～ 50 公分，匍匐性迷迭香則維持在 50 ～ 70 公分。				

唇形花科。常綠灌木

鼠尾草 SAGE

學名／ *Salvia officinalis*

鎮靜、殺菌、預防感冒

口感與香氣

富含營養素的鼠尾草，其氣味類似芭樂香，但沖泡成茶飲後則呈現深層的香氣，口感上也變得非常柔順。

泡茶的部位

枝、葉皆可沖泡，但還是以嫩葉、嫩枝為主，木質化的莖部較少使用。開花期在 3 至 5 月，花卉也可以一起沖泡。

採收季節與方式

全年皆可採收，其中以開花期之前的冬春之際，香氣最為芳醇，可從頂芽或側芽修剪 10 公分採收。

身心功效

在國外，當有感冒的前兆時，總會用鼠尾草搭配百里香來舒緩症狀。鼠尾草有殺菌、鎮靜及強壯的功效，有「長壽之草」的稱號。

---

check 尤老師小提醒

凡是可運用在料理中的鼠尾草，就可以少量運用於茶飲。但沖泡時，記得不能使用太多，否則茶湯會呈現苦澀。另外由於具有通經作用，懷孕初期應少量使用。

適合沖泡茶飲的品種

茶飲家族

鼠尾草分為藥用性及觀賞性使用，種類非常多。
大部分屬於藥用的品種，比較適合運用於茶飲。

基本款

綠鼠尾草

是鼠尾草中的最基本款，又稱為原生鼠尾草。香氣及口感最為順口。

黃金鼠尾草

金黃色的葉片，外型美麗，可提升視覺效果，增加茶飲的樂趣。

紫紅鼠尾草

香氣較為清淡，由於其成長狀態及馴化狀況最好，因此可代替綠鼠尾草使用。

三色鼠尾草

紫、綠、白三色的三色鼠尾草，在茶湯中喝起來口感最為清淡。

鼠尾草茶飲
私房搭配推薦　☑ 複方

鼠尾草香氣特殊，不見得人見人愛，因此大多加入料理，做為去腥作用。至於加入茶飲，必須少量搭配，用量只需一支十公分左右就好。推薦與男、女主角混搭，可以突顯出茶湯厚實感。

搭配 1 　鼠尾草＋薰衣草

鼠尾草與薰衣草都是極有個性的香草，但彼此卻非常搭配。香氣宜人、口感順暢，相當值得推薦，材料方面取得也非常便利。

鼠尾草
10公分×1枝

薰衣草
10公分×2枝

搭配 2 　鼠尾草＋檸檬馬鞭草＋絲荷花

鼠尾草與檸檬系的女主角香草在搭配上非常協調，再加入美麗的絲荷花花朵，像是一幅美麗的畫。適合飯後飲用。

鼠尾草
10公分×1枝

檸檬馬鞭草
10公分×2枝

絲荷花
10-15朵

搭配 3　鼠尾草＋天使薔薇

配角與花旦的結合，
開啟了無限的想像空
間。既可單純品味鼠
尾草的芬芳，又可欣
賞天使薔薇花卉之美。
其中的天使薔薇，也
可以換成具有春天感
的香菫菜。

鼠尾草
10公分×1枝

天使薔薇
5-8朵

搭配 4　鼠尾草＋紅酒

以葡萄酒系列為主的
紅酒，在帶有果香香
氣的陪襯下，再加上
鼠尾草厚實的口感，
入喉舒暢，也非常富
有底蘊，適合搭配晚
餐享用。

鼠尾草
10公分×1枝

紅酒
50毫升

Q　巴格旦、水果鼠尾草也可以沖泡茶飲嗎？

巴格旦鼠尾草在所有的鼠尾草屬中，氣味最為濃郁，若分量過多，易致胃腸不適，通常
是添加於料理，可有效達到去腥效果。至於水果鼠尾草，單獨嗅聞葉片，的確香氣濃郁，
但是沖泡成茶飲後，香氣會消失，口感也不是很好，比較適合與肉類一起烹調。

鼠尾草
栽培重點

鼠尾草可在春季的立春時節開始種植，必須選擇在日照充足、排水良好及通風順暢的地點。另外也要注意梅雨季節多濕的氣候，盡量挖溝堆壟。秋、冬可用扦插方式培養新苗，適合盆具栽培及露地種植。

事項	春	夏	秋	冬	備註
日照環境	全日照	半日照	全日照	全日照	
供水排水	排水良好，略帶乾燥的環境，露地種植需挖溝堆壟				
土壤介質	鹼性肥沃的土壤				
肥料供應	施予氮肥		中秋後 施予氮肥		
繁殖方法	播種、扦插		扦插	扦插	
病蟲害 防治		常因高溫多濕 而枯萎 要經常修剪			台灣夏季高溫 多濕，平地栽 種較不易
其他	勤於摘芯與摘蕾，前者可作為修剪、採收及促進再發新芽； 後者則可幫助植株再成長				

唇形花科。多年生草本植物

奧勒岡 OREGANO
學名／*Origanum vulgare*

殺菌、開胃、促進消化

\ 口感與香氣 /

口感鮮明，帶有辛辣味，非常具有個性。只可惜香氣特徵並不明顯，但相對的甜馬郁蘭與義大利馬郁蘭，則香氣明顯，並具有甘甜味。

\ 泡茶的部位 /

主要以嫩枝、嫩葉為主，由於具有匍匐性，且比較不會木質化，因此可以利用新鮮的葉、莖來加以沖泡。在台灣平地不容易開花，比較少運用花卉部位。

\ 採收季節與方式 /

一年四季皆可採收。在中秋節到端午節的區間，會成長得很好，氣味也最為濃郁。可以在此時節加以修剪採收，特別是從芽點上方修剪，可促進再長出頂芽或側芽。

\ 身心功效 /

奧勒岡具有殺菌的功效，能增強身體抵抗力，此外也具有開胃及促進消化的幫助。

check 尤老師小提醒

奧勒岡與馬郁蘭是我們耳熟能詳的料理用香草，採摘下來枝葉，可大部分運用於料理，少部分加入茶飲，加入茶飲要注意量不宜過多，否則茶湯會變得濃郁，或是搶走男、女主角的香氣。

適合沖泡茶飲的品種

茶飲家族

奧勒岡正式學名為牛至，隸屬於牛至屬。
牛至屬品種也非常多，但是運用在料理與茶飲的主要是以下幾種。

基本款

綠奧勒岡

是奧勒岡的基本款，雖說是料理常用的香草，但少量加入，可以增加口感。平常並不會帶有香氣，通常是經過加熱後，香氣特徵才會明顯，這也是與馬郁蘭的不同點。

黃金奧勒岡

在國外是以觀賞為主，但由於葉片鮮豔，也可加入茶飲中，增加視覺上的效果，與花旦非常搭配。

甜馬郁蘭

甜馬郁蘭與奧勒岡可說是兄弟關係，但甜馬郁蘭的香氣更為明顯，且具有甘甜感。

義大利馬郁蘭

兼具奧勒岡的口感及馬郁蘭的香氣，加上栽培容易，除了料理使用外，很適合加入茶飲。

奧勒岡茶飲
私房搭配推薦　　✓ 複方

身為茶飲香草的配角，添加數量不宜過多，主要是用來增加口感。如果奧勒岡的成長狀況不好，可以用甜馬郁蘭或義大利馬郁蘭替代。特別是甜馬郁蘭也可以在沒有德國洋甘菊的季節，來加以取代飲用。

搭配 1 ▶ 奧勒岡＋銀斑百里香

百里香與奧勒岡都具有殺菌效果，有助預防感冒。在香氣方面，帶著熟成的麝香香氣，口感上則相當順口。男主角中，還有薰衣草也適合與奧勒岡搭配。

奧勒岡
10公分×1枝

銀斑百里香
10公分×2枝

搭配 2 ▶ 奧勒岡＋檸檬香茅＋藍眼菊

配角奧勒岡正好可以襯托出女主角檸檬香茅的香氣，也可以改用甜馬郁蘭或是義大利馬郁蘭，另外加上藍眼菊，可以增加視覺效果。

奧勒岡
10公分×1枝

檸檬香茅
10公分×2片

藍眼菊
1-3朵

搭配 3　奧勒岡＋紫羅蘭

同是春季成長很好的
兩種香草，美麗的花
旦紫羅蘭，讓茶湯變
為淡紫色系，加上沉
穩的奧勒岡，非常適
合下午茶。到了春夏
之際，花旦則可換成
當季開花的向日葵。

奧勒岡
10公分×1枝

紫羅蘭
5-8朵

搭配 4　奧勒岡＋乳酸飲料

乳酸飲料帶有甘甜，並
極具有營養價值。可以
搭配奧勒岡、甜馬郁蘭
或是義大利馬郁蘭，尤
其是甜馬郁蘭，可以增
加特殊的香氣，非常適
合飯後飲用，有幫助消
化的效果。

奧勒岡
10公分×1枝

乳酸飲料
150毫升

Q　奧勒岡如何運用於料理？

新鮮的葉片，與沙拉類非常搭配。乾燥的奧勒岡葉片，其風味及香氣更加強烈。奧勒岡
的香氣與起司、番茄、義大利麵及肉類等，相當對味。由於經常被加入到蘑菇或是披薩
當中，提升風味，而有「蘑菇草」及「披薩草」的稱號。對於喜好義大利料理的人來說，
奧勒岡絕對是值得推薦的香草。

奧勒岡 栽培重點

牛至屬（奧勒岡屬）當中，以義大利馬郁蘭的栽種最為容易，特別是露地種植，會成長得很好；其次是甜馬郁蘭以及奧勒岡，通常在台灣平地比較不容易過夏；另外黃金奧勒岡，則比較具挑戰性，可透過不斷扦插繁殖的過程，以達到馴化的目的。

事項	春	夏	秋	冬	備註
日照環境	全日照	半日照或遮蔭	全日照	全日照	
供水排水	排水順暢				
土壤介質	培養土及中性壤土皆可，排水良好的沙質壤土尤佳				
肥料供應	添加有機氮肥		添加有機氮肥		
繁殖方法	扦插、壓條、分株		扦插	扦插	**扦插、壓條、分株都可以**
病蟲害防治		梅雨季節適應較差，入夏前應修剪枝、葉，使通風順暢			
其他	植株成長快速，株間最好在 50 公分以上				

繖型花科。一至二年生草本植物

義大利香芹

ITALIAN PARSELY

學名／*Petroselinum crispum* 'neapolitanum'

補鐵、促進血液循環

口感與香氣

帶有芹菜般的香氣、蔬菜般的口感，雖然一般以加入料理為主，然而搭配其他茶飲香草沖泡，能突顯茶湯的特殊香氣與口感，且含有豐富的營養價值。

泡茶的部位

隸屬於根出葉型的香草，莖短縮，因此取其綠色嫩葉為主。開花期頂芽生成繖形花序，花朵為黃白色，較不容易開花，但花卉部分亦可沖泡茶飲。

採收季節與方式

在秋、冬、春三季成長良好，香氣與口感最佳，可經常修剪採收，會再繼續長出新芽，促進成長。在晨間採摘、修剪最合適，可充分感受新鮮芬芳的香氣。

身心功效

義大利香芹含有豐富的維他命 A、C，並且含有人體所需的鐵分，從早期的古希臘、羅馬時代，即被運用在生活方面。主要有促進血液循環、幫助消化及利尿等效果。

 尤老師小提醒

夏季可能會因為高溫多濕而導致爛根，甚至枯萎，枯黃的葉片盡量不要使用，要記得修掉。一般是運用新鮮葉片，但也可以乾燥後使用。沖泡方面不宜單方，最好搭配其他茶飲香草一起沖泡。

義大利香芹茶飲
私房搭配推薦　☑ 複方

義大利香芹的營養價值極高，可以搭配男、女主角茶飲香草一起沖泡，增添茶湯的香氣與口感。另外與花旦等茶飲香草一起搭配，可以增加視覺上享受。

搭配 1　義大利香芹＋胡椒薄荷

與帶有清涼感的薄荷類一起沖泡，可在飯後飲用，幫助消化，並保護胃腸。薄荷類可選擇胡椒薄荷或是瑞士薄荷等。

義大利香芹　　　　胡椒薄荷
10公分×1枝　　　10公分×2枝

搭配 2　義大利香芹＋檸檬香蜂草＋紫羅蘭

與女主角及花旦的茶飲香草一起沖泡，不僅在香氣方面相當宜人，在口感上也因為義大利香芹而加分。另外再搭配紫羅蘭美麗的花卉，整體茶湯顯得更有深度。

義大利香芹　　　檸檬香蜂草　　　紫羅蘭
10公分×1枝　　　10公分×2枝　　　10-12朵

Q　義大利香芹大都是用在料理方面，加入茶飲中有何特色呢？

是的，義大利香芹本身大都是運用在料理方面，但在國外的蔬果汁中，都會添加。近年來國內的養生蔬果汁也開始運用。單獨沖泡會比較單調，但是若配合茶飲香草則非常合適，可以嘗試看看。

搭配 3 ▶ 義大利香芹＋金銀花

義大利香芹富含營養價值，再搭配金銀花花朵的清毒解熱功效，很適合在有感冒前兆時加以飲用，舒緩不適。

義大利香芹
10公分×1枝

金銀花
10-12朵

搭配 4 ▶ 義大利香芹＋果菜汁

果菜汁含有豐富的營養，且可視個人的狀況選擇合適的水果與蔬菜，此時可以再添加義大利香芹，從中攝取更多的維他命，補充身體所需。

義大利香芹
10公分×1枝

果菜汁
300毫升

其他搭配推薦

義大利香芹＋百里香

義大利香芹和百里香都具有抗菌效果，適合在季節轉換期間，如春、秋二季加以飲用。

義大利香芹＋蝶豆花

義大利香芹搭配有變色效果的蝶豆花，讓茶飲更富有色彩魅力。

百里香　　　　　　　　蝶豆花

義大利香芹＋紫羅蘭

紫色的花，為富含果菜香的茶湯，增加美麗色澤。

紫羅蘭

Q 另一種捲葉的荷蘭芹，也可以沖泡茶飲嗎？

荷蘭芹因葉型不同，可分為兩大類：一種為台灣較常見的法國荷蘭芹（French Parsely），葉狀捲曲濃密，類似紅蘿蔔葉，原產地在法國南部，因而得名；另一種是義大利荷蘭芹（Italian Parsely），葉狀扁平，類似芫荽，原產地在義大利，在國外一般較常使用義大利品種。當然前者捲葉的法國荷蘭芹，也是可以加入茶飲中，但宜少量添加。

Q 義大利香芹的主要運用在哪方面呢？

義大利香芹最早在歐洲被當成民間療法使用，藉由經常配戴在身上，以防止昏眩、提振精神。後來則用來與其他香草做成香草束，是香草高湯的主要食材。在料理方面，可以達到去腥效果，在沙拉中也有添加。

義大利香芹
栽培重點

栽培義大利香芹，要特別注意水分的供給，如果栽種環境過於乾燥，葉片容易枯黃，但也不宜過分潮濕，否則容易產生爛根的現象。可以等土壤即將乾燥時，再加以供水，並以澆透為原則。

事項	春	夏	秋	冬	備註
日照環境	全日照	半日照	全日照	全日照	
供水排水	土壤即將乾燥時供水，排水要順暢				
土壤介質	一般壤土或培養土皆可				
肥料供應	喜好肥沃的土壤，可於定植或換盆時施予有機氮肥				
繁殖方法	播種，15～25℃左右發芽 亦可分株		播種，15～25℃左右發芽 亦可分株		播種為主，也可以進行分株
病蟲害防治		忌高溫多濕 要經常修剪枯葉			病蟲害較多 可用有機法防治
其他	由於不喜愛移植，因此可以將種子直播在盆具或是露地				

唇形花科。一年生草本植物

甜羅勒

SWEET BASIL

學名／*Ocimum basilicum* 'Sweet Salad '

促進食慾、提振精神

口感與香氣

甜羅勒的香氣帶著濃濃的有如九層塔的氣味，且比起九層塔更勝一籌，在國外是青醬的主要食材。口感紮實，自古以來，即有被使用在茶飲中。

泡茶的部位

主要使用嫩枝及嫩葉，由於其植株成長過大時，莖部經常會木質化，所以盡量避免使用木質莖的部位。夏秋之際開花期時，嫩葉可以連著花一起運用。

採收季節與方式

四季皆可採收，由於是一年生耐寒性低的香草，因此冬季是衰弱期，並會枯萎。經常摘芯或摘蕾，可促進再成長，採摘下來後可以同時運用在料理與茶飲中。

身心功效

可促進食慾及幫助消化，特別是當心情低落或是極度疲倦時，可以沖泡一杯甜羅勒與其他茶飲香草的複方香草茶，在飯後飲用，可有效改變氣氛，提振精神。

---

check 尤老師小提醒

香氣與口感較為獨特，最好與其他男、女主角茶飲香草一起搭配。量不宜太多，以 10 公分 1 支左右即可，否則會有微微辛辣感。另外與其他配角香草不要彼此添加，畢竟其主要還是運用在料理方面比較多。

甜羅勒茶飲
私房搭配推薦　☑ 複方

甜羅勒的濃郁香氣，可以與四種男主角香草互相搭配，或是跟其中兩種一起沖泡。此外與女主角搭配，也很合適，但盡量避免使用性質接近的檸檬羅勒。至於與花旦沖泡，則可增加茶飲的視覺效果。

搭配 1 　甜羅勒＋甜薰衣草

有「香草之王」稱呼的甜羅勒，搭配有「香草女王」之稱的薰衣草，最能代表香草茶的特色。適合在疲倦時，需恢復精神時飲用。

甜羅勒
10公分×1枝　　甜薰衣草
10公分×2枝

搭配 2 　甜羅勒＋檸檬天竺葵＋小手球

南亞風情的甜羅勒，搭配南非風味的檸檬天竺葵，以及南美特色的小手球（麻葉繡球），是充滿異國情味的一款茶飲，非常適合在想要改變氣氛時來沖泡飲用。

甜羅勒
10公分×1枝　　檸檬天竺葵
10公分×2枝　　小手球
6-8朵

Q　甜羅勒的香氣非常濃郁，適合沖泡茶飲嗎？另外九層塔也可以泡茶嗎？

甜羅勒的口感與香氣濃郁，大都運用在料理中，尤其在國內外非常普遍。但由於極富營養價值，具有強壯功能，可以少量與其他茶飲香草互相添加。另外九層塔雖然較少運用在茶飲中，但若是少量添加，也是可以的。

搭配 3　　甜羅勒＋向日葵

同為夏季成長的兩種香草，可說是絕佳的組合。雖說向日葵香氣較為清淡，然而其帶著夏季獨特的風情。也可以加入少許冰塊，做為餐前的開胃茶飲。

甜羅勒
10公分×1枝

向日葵
1-3朵

搭配 4　　甜羅勒＋碳酸飲料

碳酸飲料總是給人口感過於強烈的感覺，不妨添加甜羅勒作為潤滑，口感獨特。適合在與親朋好友聚會時，一起飲用，創造出另一種茶飲的樂趣。

甜羅勒
10公分×1枝

碳酸飲料
300毫升

其他搭配推薦

甜羅勒＋薄荷

飯後飲用，可以促進胃腸蠕動、消除脹氣。
也可以搭配可口的麵包，作為正餐飲料。

薄荷

甜羅勒＋香堇菜

採摘春季剛剛成長的甜羅勒嫩芽，配上美麗
繽紛的香堇菜，達到完美的視覺效果。

甜羅勒＋茉莉

香氣十足的茉莉，與營養滿分的甜羅勒一起
沖泡，色香味俱全。

香堇菜 茉莉

Q 紫紅羅勒、肉桂羅勒可以沖泡茶飲嗎？

羅勒屬的香氣與葉色因種類而有不同，目前全世界品種約有150餘種，主要代表性為甜羅勒，
另外還有檸檬羅勒、紫紅羅勒、肉桂羅勒等品種。檸檬羅勒隸屬於女主角系列的茶飲香草。
紫紅羅勒也可以沖泡茶飲，香氣比較清淡；至於肉桂羅勒，口感過於強烈，比較不推薦。

Q 甜羅勒除了運用在茶飲外，還有什麼生活運用呢？

甜羅勒可說是香草植物中運用範圍最廣泛的食材，在料理中與蒜頭、番茄、起司、橄欖油非
常搭，是沙拉或義大利麵的主要食材，國外習慣以甜羅勒製作成青醬，國內則多以台灣九層
塔為主。直接沖泡或混入牛奶中，風味獨特。另外在美容及精油也常被使用。

甜羅勒 栽培重點

甜羅勒喜好充足的日照及排水良好的土壤。春、夏、秋為主要成長季節。甜羅勒的繁殖，主要是從播種開始，可分為春播及秋播兩種。播種約一至二週左右發芽，待本葉長出、根系穩定之後，進行移植或定植。

事項	春	夏	秋	冬	備註
日照環境	全日照	半日照	全日照		
供水排水	土壤即將乾燥時再供水，排水須順暢				
土壤介質	一般培養土或壤土				
肥料供應	施予氮肥		施予氮肥		於換盆或地植時施加有機氮肥
繁殖方法	播種、扦插		播種	耐寒性低可收集植株種子待來春播種	播種、扦插（發根率較低）
病蟲害防治	勤加修剪以減少蟲害				病蟲害較多可用有機法防治
其他	經常進行摘芯，促進分枝及成長。若有開花，也必須經常摘蕾				

牻牛兒苗科。多年生草本植物

玫瑰天竺葵　ROSE GERANIUM

學名／*Pelargonium graveolens*

保濕、消除神經疲勞

＼ 口感與香氣 ／

具有玫瑰般的香氣，在國外是芳香療法重要的香草植物，口感則比較溫和，因此沖泡茶飲時，最好與其他茶飲香草一起沖泡，可以提升茶湯本身的層次感。

＼ 泡茶的部位 ／

以嫩葉為主，由於老葉香氣比較清淡，可利用冬末春初萌生的嫩葉。春季開的花也可以泡茶，雖然香氣較為清淡，卻有優雅的口感。另外枝、莖部位則較少利用。

＼ 採收季節與方式 ／

一年四季皆可進行採摘，尤以冬、春最為合適。雖然是多年生的香草，然而在夏季與檸檬天竺葵相同，成長狀態比較不佳。由於直立成長，經採收修剪後，成長會更旺盛。

＼ 身心功效 ／

玫瑰天竺葵在芳香療法中，作為保濕作用，並有改善皮膚炎的療效。在茶飲方面，則可以增強抵抗力、消除神經疲勞，讓人有舒緩的感覺。

 check 尤老師小提醒

沖泡的分量宜少不宜多，否則會帶有苦澀感。不適宜單方沖泡，複方也不要與其他配角的茶飲香草互相搭配。

適合沖泡茶飲的品種
茶飲家族

芳香天竺葵系列香草，以玫瑰天竺葵為代表，
此外還有蘋果天竺葵、薰衣草天竺葵，可以少量加入茶飲。

基本款

玫瑰天竺葵

是芳香天竺葵的基本款，具
有清新的玫瑰花香，其花卉
也可以加入茶飲。

蘋果天竺葵

具有蘋果的香氣，讓茶飲充
滿果香，其花卉也可以加入
茶飲。

薰衣草天竺葵

葉形與蘋果天竺葵類似，其
香氣接近薰衣草，可做為薰
衣草的茶飲替代香草。

 point 觀賞用的天竺葵，如楓葉天竺葵，並不帶有香氣，
且口感很差，並不適合用來沖泡茶飲。

玫瑰天竺葵茶飲
私房搭配推薦 ☑ 複方

玫瑰天竺葵適合做複方搭配，與男、女主角系列的茶飲香草（檸檬天竺葵除外）一起沖泡，
都非常合適。

搭配 1 玫瑰天竺葵＋德國洋甘菊

玫瑰香氣的玫瑰天竺
葵，搭配蘋果香氣的
德國洋甘菊，花香、
果香兼具，是一款代
表春天的香草茶。其
中的男主角若換成薰
衣草，便兼具玫瑰與
薰衣草的香氣。

玫瑰天竺葵
5公分×1枝

德國洋甘菊
10-15朵

搭配 2 玫瑰天竺葵＋檸檬百里香＋玫瑰

玫瑰天竺葵的嫩葉，
搭配檸檬百里香清新
的香氣，再適時加上
數朵玫瑰，讓茶湯充
滿濃郁的玫瑰香，氣
質優雅。

玫瑰天竺葵
5公分×1枝

檸檬百里香
10公分×2枝

玫瑰
1-3朵

搭配 3 玫瑰天竺葵＋香菫菜

品嘗香草茶的最大樂趣，除了味覺與嗅覺享受外，將玫瑰天竺葵搭配豔麗的香菫菜，更能完全感受香草茶的視覺魅力。香菫菜也能換成紫羅蘭，讓茶湯呈現紫色浪漫。

玫瑰天竺葵
5公分×1枝

香菫菜
10-15朵

搭配 4 玫瑰天竺葵＋優格

優格的解油膩及去脂效果相當顯著，若能加上玫瑰天竺葵的嫩葉或是美麗的花朵，更可以襯托出優格的美味，這樣的搭配既健康又美麗。

玫瑰天竺葵
5公分×1枝

優格
300毫升

Q 玫瑰天竺葵除了沖泡茶飲外，還有什麼用途呢？

芳香天竺葵含有各種水果或花朵香氣，大都被製作成精油，玫瑰天竺葵由於具有玫瑰香氣，所萃取的精油可用來代替玫瑰精油，因為價格便宜許多，故有「窮人的玫瑰」稱號。在布置方面，美豔的花朵是插花、花束、壓花的好資材。料理上則可與糕點一起烘焙或製作果醬及優格，口感獨特，備受歐美女性喜愛。

玫瑰天竺葵
栽培重點

一般的園藝店較少販售芳香天竺葵的種子，因此直接購買植株較為合適。喜好日照充足、肥沃的土壤以及略帶乾燥的環境，高溫多濕及太過嚴寒皆較不能適應，因此在國外冬天會在溫室過冬，台灣平地則可順利過冬。

事項	春	夏	秋	冬	備註
日照環境	全日照	半日照	全日照	全日照	
供水排水	土壤即將乾燥時供水，排水須順暢				
土壤介質	一般壤土或培養土皆可				
肥料供應	追加氮肥及磷肥		追加氮肥		
繁殖方法	可在春季成長旺盛並密集開花時，用摘蕾後的枝條（約 10 公分的枝條，5 公分以下葉片去除，入土約 3 公分）進行扦插。3 週左右發根，待根系完全包覆土壤後，就可以進行移植或定植				扦插時不需施肥
病蟲害防治	入夏前要加以修剪	忌諱高溫多濕的夏季			甚少病蟲害
其他					

繖型花科。一至二年生草本植物

茴香 FENNEL

學名／*Foeniculum vulgare*

改善便祕、促進消化

口感與香氣

茴香的香氣獨特，香氣特徵也非常明顯。至於在口感方面，則略帶厚實，可少量加入茶飲中。在國外是使用相當頻繁的料理香草，國內近年來也開始風行。

泡茶的部位

莖部粗大且中空，大都利用嫩葉沖泡茶飲。夏季開花時會在莖部頂端開出密集的小黃花，呈傘狀排列，花卉可入茶。甚至開花後的種子，也可加入茶飲中。

採收季節與方式

在開花季節前的嫩葉香氣最濃，夏秋之際則為開花期，可以摘蕾以促進成長，並進行採收花卉或是種子。

身心功效

茶飲有助於促進消化及解除便祕，也有改變氣氛、舒緩身心的效果。在料理方面，則是可以去腥，提升美味。

 尤老師小提醒

由於茴香喜歡定植，最好不要經常換盆或移植，因此可種在靠近廚房的後陽台或是後花園中，以就近採摘。在沖泡方面，10 公分左右 1 支剛剛好，量太多茶湯會過於濃郁，口感不好。

茴香茶飲
私房搭配推薦 ☑ 複方

茴香單獨沖泡的口感單調，比較不建議，與其他茶飲香草一起搭配，可以讓茶湯瞬時之間變得清爽，令人愉悅。

搭配 1 ‧ 茴香＋薰衣草

薰衣草甘甜的香氣與特殊的口感，搭配沉穩的茴香，會讓茶湯呈現出與其他茶飲不同的感受，適合飯後飲用，促進消化。

茴香
10公分×1枝

薰衣草
10公分×2枝

搭配 2 ‧ 茴香＋檸檬香茅＋金銀花

女主角、花旦、配角呈現出不同的層次，檸檬香的檸檬香茅，加上清毒解熱的金銀花，再搭配茴香的厚實感。有充分營養，並帶來養生的效果。

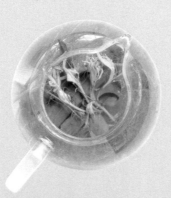

茴香
10公分×1枝

檸檬香茅
10公分×2片

金銀花
10-15朵

Q　茴香的種子也可以沖泡成茶飲嗎，該如何運用？

可以的。夏秋之際為茴香開花的季節，此時可以先不採摘花朵，而讓其自家授粉，待產生種子後收集起來，放在冷藏室中。要使用的時候，再用 80℃左右的熱水，與其他茶飲一起沖泡，或是打入蔬果汁中亦可。

搭配 3　茴香＋天使薔薇

在春天，茴香與天使薔薇都是當季的香草，鮮嫩的茴香葉片，配搭純白粉紅的天使薔薇，可提升茶飲層次，增加視覺效果。

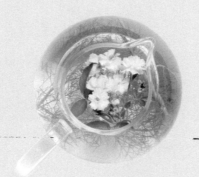

茴香
10公分×1枝

天使薔薇
10-15朵

搭配 4　茴香＋蔬果汁

茴香在歐美國家是養生香草植物，可與喜歡的蔬菜水果一起打成汁來飲用，極富營養價值，並有消脂功效。

茴香
10公分×1枝

蔬果汁
300毫升

其他搭配推薦

茴香＋薄荷

這款茶飲可以帶來清涼的下午茶時光，取得
容易，非常適合三五好友聚會時飲用。

茴香＋蝶豆花

茴香的花或是種子可以搭配顏色美麗的蝶豆
花，茶湯既漂亮又好喝。

薄荷　　　　　　　　　蝶豆花

Q　除了茴香，蒔蘿也可以入茶飲嗎？

可以。蒔蘿和茴香同屬繖型花科，外型也非常接近。
蒔蘿的香氣較為濃郁一些，因此可用嫩葉來加以沖泡。
兩者都富含營養價值，同時，蒔蘿的花卉與種子也一
樣可以入茶。

Q　茴香除了茶飲，還有其他運用嗎？

茴香與蒔蘿由於和魚類料理非常搭配，又被稱為「魚
的香草」。另外也能添加在麵包或咖哩當中。葉片剁
碎後，可以直接灑在沙拉或是湯品。肥大的莖部，則
可以熬煮高湯。另外茴香的葉、花與種子，也可以用
來做香草浴或蒸臉。

茴香
栽培重點

栽種茴香，可以直接從播種開始，約 15 ～ 20 天就會萌芽，待成長健壯之後，就可以開始移植，此時可以選擇較大的盆具或是直接露地種植，也就是最終的定植。由於是一至二年生的草本植物，若順利過夏，便能夠一直成長到隔年春季。

事項	春	夏	秋	冬	備註
日照環境	全日照	半日照或遮陰	全日照	全日照	
供水排水	土壤即將乾燥時供水，排水須順暢				
土壤介質	一般壤土或培養土皆可				
肥料供應	追加氮肥及磷肥		追加氮肥		
繁殖方法	播種、分株		播種	播種	播種為主也可分株繁殖
病蟲害防治					病蟲害不多，要經常加以修剪並進行摘蕾
其他	茴香與時蘿的栽種條件相同				

唇形花科。一年生草本植物

紫蘇 PERILLA
學名／ *Perilla frutescens*

提振精神、預防感冒

口感與香氣

紫蘇的香氣濃郁，口感清爽，特別是到了夏季，總是會讓人聯想到清涼的梅子茶，不禁垂涎三尺。紅紫蘇比較適合茶飲，綠紫蘇適合搭配生魚片，是大家一致的印象。

泡茶的部位

以新鮮的葉片為主，可在沖泡茶飲前，直接修剪採收。夏、秋之際為開花期，穗狀花序的花卉，也可以沖泡茶飲。若結種子，也可收集起來。

採收季節與方式

由於是耐寒性低的一年生香草，相對耐暑性高，從春至秋季都是成長期，冬天則是衰弱期，甚至會枯萎。其中又以春、秋兩季的香氣最為芳醇，可在此時加以採收。

身心功效

具有提振精神及預防感冒的功能，尤其紅紫蘇還有增加身體抵抗力功效。至於綠紫蘇則還有去腥、去油脂等功效。

---

check 尤老師小提醒

紅、綠紫蘇的最佳成長季節，都是在冷熱溫差大的春、秋季，因此可在這兩個季節採收，並進行摘芯與摘蕾。在沖泡時，可視個人的喜好程度來加減，其中紅紫蘇的量可微多，綠紫蘇的量則稍微減少。

紫蘇茶飲
私房搭配推薦 ☑ 複方

紅紫蘇適合與其他茶飲用香草一起搭配，特別是具有檸檬香氣的女主角茶飲系列，其本身並不適合單獨沖泡，綠紫蘇與紅紫蘇可以彼此代替。

搭配 1 紅紫蘇＋薄荷

清涼的薄荷口感，結合紅紫蘇的香氣，可說是相當地協調。特別適合在飯前來上一杯，以促進食慾。

紅紫蘇
10公分×1枝　　薄荷
10公分×2枝

搭配 2 綠紫蘇＋檸檬羅勒＋天使薔薇

綠紫蘇也可以用來代替紅紫蘇，搭配具有檸檬香氣的檸檬羅勒，再陪襯美麗的天使薔薇花旦，可增加視覺效果，讓茶湯更有層次。

綠紫蘇
5公分×1枝　　檸檬羅勒
10公分×2枝　　天使薔薇
10-15朵

Q　為什麼日本人經常使用紫蘇，尤其是加入飲品，或是其他食用添加品中？

歐美國家大都將迷迭香、百里香或是鼠尾草、薄荷等歸為唇形花科，然而日本人則將它們歸類為紫蘇科。由於具有殺菌及去腥的效果，所以經常被使用在茶飲或與其他食品做搭配，日本人喜愛紫蘇真是出了名的。

搭配 3 ▶ 綠紫蘇＋蝶豆花＋檸檬

紫蘇配上會變色的蝶豆花，不僅可讓茶湯顏色更加豐富，還能在炎炎夏日裡消除暑意。滴上檸檬，則會變為粉色系，在香草茶飲中增加許多樂趣。

綠紫蘇	蝶豆花	檸檬
5公分×1枝	5-8朵	半顆

搭配 4 ▶ 紅紫蘇＋梅子湯

視個人的喜好，可以加減紅紫蘇的量。建議可以多放一些，以提升口感及香氣，讓梅子湯汁更加美味。另外也可加上冰塊，帶來清涼的感覺。

紅紫蘇	梅子湯
10公分×2枝	300毫升

其他搭配推薦

紅紫蘇＋百里香

紫蘇與百里香都具有殺菌效果，可在有感冒
前兆時飲用，增強抵抗力。

百里香

紅紫蘇＋向日葵

同為春、夏之際成長很好的香草，可在酷夏
季節中，享受到香草花卉茶飲的樂趣。

綠紫蘇＋接骨木

純白的接骨木花卉，也可以搭配綠紫蘇。

向日葵   接骨木

Q 紅紫蘇為什麼經常與梅子作聯想及結合？

市面上有很多紅紫蘇與梅子結合的食品，如紫蘇青梅、紫蘇梅子酒、紫蘇梅子醬等。主因是
梅子很容易氧化，經常採摘下來沒幾天就變黑，因此會做成醃製品或酒類。紫蘇具有殺菌功
能與香氣，於是從以前到現在，一直延續這樣的保存方式。

Q 請介紹一下綠紫蘇的特性及運用方法？

在一般印象中，紅紫蘇多用來做紫蘇梅子湯，綠紫蘇則適合與
生魚片等生鮮素材搭配。日本人愛用紫蘇是全世界聞名的。綠
紫蘇又稱為青紫蘇，非常爽口且有殺菌的作用，因此多半會添
加在生鮮食品中。

紫蘇
栽培重點

紫蘇可以説是香草植物中很好栽種的，其一年生的特性，讓其在幼芽萌生後，便會成長很快。加上可以春播還有秋播，都非常合適，甚至會有自播的現象。其中播種的方式，以散播為主，也可進行條播。記得要進行間拔，以維持植株的強壯。

事項	春	夏	秋	冬	備註
日照環境	全日照	半日照	全日照		
供水排水	盡量不要讓土壤乾燥，以免植株萎凋				
土壤介質	在各種土壤均能正常生長				
肥料供應	追加有機氮肥		追加有機氮肥		
繁殖方法	播種		播種		一般用播種較扦插強壯
病蟲害防治	蟲害較多，特別是在春、夏之際。可用蒜醋水、辣椒水或是葵無露來加以防治；或是在盆具、露地種植的植栽旁，種上芸香、艾菊或是細香蔥等忌避植物，來達到共生的效果。				
其他					

使用香草植物新鮮花朵的部位，

作為沖泡茶飲時的素材，

除了增加香氣外，最主要是為了添加視覺效果。

花旦

作為花旦的香草植物，主要是利用其花卉加入茶飲當中。花卉的多彩變
化，為茶湯增加視覺效果，其中部分的花卉還可以直接食用，一舉兩得。

花旦比較不適合單獨沖泡，就像電影的角色定位，大部分是用來搭配
男、女主角或是配角。花旦的開花期，集中在冬春之際有紫羅蘭、香董
菜等；在春夏期間開花的也占一大部分，例如西洋接骨木、紫錐花、蝶
豆花等。其中有花期長的，如天使薔薇；花期短的，如梔子花。在生鮮
香草茶飲中，最好搭配著其開花期，才能喝到最美麗、最新鮮的花卉。

另外花旦中的可食性花卉，也能加入料理或烘焙中直接食用，或是可作
為料理或烘焙的盤飾。以花入料理之前，必須先了解其可食性，例如夾
竹桃科的花朵，就不可直接食用。

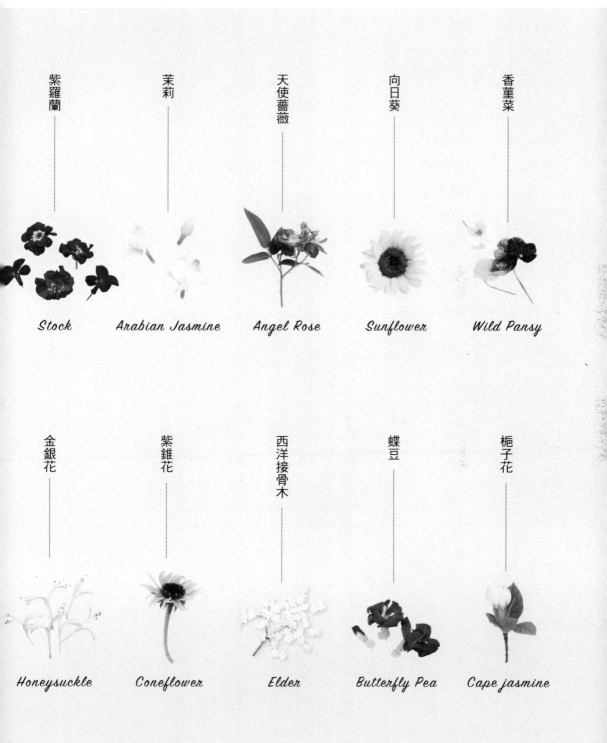

紫羅蘭
Stock

茉莉
Arabian Jasmine

天使薔薇
Angel Rose

向日葵
Sunflower

香菫菜
Wild Pansy

金銀花
Honeysuckle

紫錐花
Coneflower

西洋接骨木
Elder

蝶豆
Butterfly Pea

梔子花
Cape jasmine

十字花科。在台灣大多是一年生草本植物

紫羅蘭 STOCK

學名／*Matthiola incana*

增強抵抗力

口感與香氣

紫羅蘭在口感上沒有特殊的味覺，卻帶著淡淡的清香，再加上能改變茶湯色澤，因此可以增添茶飲的樂趣。

泡茶的部位

主要是沖泡花卉，葉片及莖枝部位並不會特別使用。由於有深紫及粉紫雙重花色，是添加在茶湯中的絕佳選擇。紫羅蘭可以最後再加入茶湯中，以欣賞茶湯色澤的變化。

採收季節與方式

採收季節即是開花期，主要集中在冬、春兩季，可以使用園藝用的剪刀將花卉直接修剪並採收下來。若有開過而枯黃的花，也要順帶修剪。

身心功效

可提高身體的抵抗力，與百里香或鼠尾草等預防感冒的香草一起沖泡，有更好的效果。雖然無法像蝶豆花一樣使茶湯完全變色，但漸層的效果一樣可讓人心情愉悅。

尤老師小提醒

由於花朵為輪生性質，所以採收時必須以較為小心的方式，以免破壞花卉的整體美感。有時開花期會延續到初夏。沖泡時必須加熱，由於口感普通，通常不會食用。

紫羅蘭茶飲
私房搭配推薦　☑ 複方

因為香氣清淡，通常會與其他茶飲用的香草一起沖泡。由於是紫色系的花卉，很適合與紫色花卉的茶飲香草搭配，例如薰衣草或鼠尾草，產生協調與深層的韻味。

搭配 1　紫羅蘭＋甜薰衣草

同為紫色花卉為主的香草，可以在薰衣草開花季節，將薰衣草連葉帶花一起沖泡，對喜歡紫色系茶飲的同好來說，可說是最夢幻的茶品。

紫羅蘭
5-8朵

甜薰衣草
10公分×2枝

搭配 2　紫羅蘭＋檸檬香蜂草＋蘋果天竺葵

檸檬的清香與蘋果的果香，是這款茶飲的最大特色，加上紫羅蘭的色彩渲染，可以有效改善鬱悶的心情，轉為舒爽的心境。

紫羅蘭
5-8朵

檸檬香蜂草
10公分×2枝

蘋果天竺葵
5公分×1枝

Q ╱ 紫羅蘭茶飲何以如此受歡迎？

由於紫羅蘭有紫色色素，可以改變茶湯色澤，所以加入到熱茶飲中，會讓平凡的茶湯變色，
並容易形成漸層，帶來視覺上的享受，所以相當受歡迎。其他如生鮮或乾燥的錦葵或蝶豆，
也可以有這種效果。

搭配 3 ▶ 紫羅蘭＋綜合果汁

將最鍾愛的水果們
打成果汁，極富營
養價值，加上紫羅
蘭美麗的花卉，有畫
龍點睛的效果，適
合做為飯後飲品。

紫羅蘭
5-8朵

綜合果汁
300毫升

其他搭配推薦

紫羅蘭＋檸檬香茅

帶有濃濃的南洋風味，非常適合下午茶
會，能讓與會者心情愉悅。

紫羅蘭＋鼠尾草

可以在季節轉換時（如秋、冬或春、夏之
際）飲用，有效預防感冒，增強抵抗力。

檸檬香茅　　　　　　鼠尾草

紫羅蘭
栽培重點

紫羅蘭適合播種與扦插，然而剛開始種植，可在秋冬之際購買幼苗來栽種。此時可以進行換盆，由於需要它的花卉，盆中基肥可加氮肥及磷肥各半，開花期前修剪較為雜亂的枝條，萌生花枝，可以讓花卉成長更多。

事項	春	夏	秋	冬	備註
日照環境	全日照	半日照	全日照	全日照	
供水排水	土壤乾燥時再供水，排水須良好				
土壤介質	一般培養土即可，種植在肥沃的沙質壤土中，開花性較強				
肥料供應	移植後加基礎有機氮肥		開花期前可添加海鳥磷肥		
繁殖方法	扦插		播種		播種為主，也可在春季進行扦插
病蟲害防治		不耐高溫多濕			保持通風，要經常巡視並除蟲
其他					

Q 紫羅蘭可否度過高溫、多濕的夏季？

經常有許多同好會問這問題。由於紫羅蘭屬於非常夢幻的香草，在開花季節尤其如此，但到了初夏枝條就會光禿禿，甚至整個枯萎。最大的因素是紫羅蘭不耐高溫、多濕的氣候，所以在原產地本來以多年生著名，尤其是露地種植，都可以過夏；在國內則是一年生，這跟季節有關，可用馴化方式加以解決。目前種苗場的紫羅蘭幾乎都可以過夏。

Q 紫羅蘭的香氣與口感，是否可添加到料理與烘焙中？

由於紫羅蘭並沒有濃郁香氣及口感，因此並不會直接與食物一起烹調。然而濃紫或粉紫的花卉，常被運用在料理或烘焙的盤飾，增加視覺效果。

Q 好像有很多植物的別名都稱為紫羅蘭？

是的，例如乾燥的錦葵花卉，就以紫羅蘭來命名；蒜香藤的花卉有時也會以紫羅蘭做為別名。這可能跟紫羅蘭這名字充滿夢幻感有關吧！然而真正的紫羅蘭還是以學名 Matthiola incana 稱呼才正確。

蒜香藤花卉有時也被稱為紫羅蘭。

木犀科。常綠小灌木

茉莉
ARABIAN JASMINE

學名／*Jasminum sambac*（L.）Ait.

消除疲勞、止咳化痰

圖片提供／田碧鳳

口感與香氣

茉莉是大家耳熟能詳的香草植物，有極芬芳的香氣，不論與烏龍茶、綠茶、紅茶都非常相配，茶飲口感很清爽，可說是老少咸宜的飲品。

泡茶的部位

以花卉為主的茉莉，屬於木犀科素馨屬，同時還有素馨、毛茉莉等同屬品種，也是運用花卉的部位。葉、枝較少運用。

採收季節與方式

主要開花期集中在由冷轉熱的春、夏之際。秋、冬之際偶爾也會開花。由於花朵綻放後容易凋謝，大部分都會在清晨進行採收。

身心功效

茉莉具有提神、消除疲勞的功效，其香氣特徵也適合舒緩心情緊張，另外還能幫助止咳化痰。無論國內外，茉莉花卉都廣泛運用於芳香療法方面。

---

check 尤老師小提醒

茉莉一旦進入開花期就會密集開花，因此在中國有大面積栽培，做為經濟作物，在歐美也極受歡迎。由於若不馬上採摘，花卉就會變黃轉黑而凋謝，甚至雨打風吹也都會掉落，因此重點在於及時採摘。在沖泡上，最好在當天採摘新鮮的茉莉花立即使用，冷藏新鮮度約維持三天左右。沖泡時水溫過熱會破壞色澤，大約 80℃ 剛好。

茉莉茶飲
私房搭配推薦　☑ 複方

茉莉與其他茶飲香草搭配，純白花卉散發著芬芳香氣，可以提升香草茶質感。自古即被使用在飲品當中。另外素馨及毛茉莉的運用方式也相同。

搭配 1　毛茉莉＋檸檬百里香

毛茉莉的花期較茉莉為長，但香氣及口感上沒茉莉濃郁，不過正因如此，檸檬香氣的女主角茶飲香草，相對就比較搭配，還能提升飲品的觀賞價值。

毛茉莉
10-15朵

檸檬百里香
10公分×3枝

搭配 2　茉莉＋直立迷迭香

茉莉除了與男、女主角茶飲香草搭配外，與配角茶飲香草也非常協調，可視個人的口感需求決定數量的多寡，但配角的迷迭香不宜太多，否則會過於苦澀。

茉莉
5-8朵

迷迭香
10公分×1枝

Q　茉莉為什麼跟一般茶葉這樣搭呢？

因為茶葉中有茶兒素，可幫助消化，而加入茉莉會產生更深層的香氣，因此在中國大陸，會將茶葉薰以茉莉，稱為香片，用以開胃與解膩，是早期富貴人家待客的上品。

搭配 3　茉莉＋烏龍茶

茉莉所屬的素馨屬，
非常適合與綠茶、紅
茶或烏龍茶進行搭
配，以烏龍茶最佳，
可少量加入茶中，
增加其視覺效果及
口感。

茉莉　　　　烏龍茶
5-8朵　　　300毫升

其他搭配推薦

茉莉＋檸檬羅勒

茉莉與檸檬系茶飲香草搭配，可以讓茶飲更為清香與爽口。

茉莉＋玫瑰天竺葵

雖然同為花香，卻有不同的層次感，能增加生鮮香草茶飲不少樂趣。

檸檬羅勒　　　　　　　玫瑰天竺葵

茉莉
栽培重點

一般茉莉會從幼苗或成株植栽開始栽種，由於扦插發根率高，可在冬末至春初開花期前，剪下枝條進行扦插，待根系滿盆後，再進行換盆、移植或定植。另外，若是經常修剪枝條，會讓植株成長更旺盛。

事項	春	夏	秋	冬	備註
日照環境	全日照	全日照	全日照	全日照	
供水排水	土壤即將乾燥時一次澆透，排水須順暢				
土壤介質	以壤土栽培為主				
肥料供應	開花期前施用海鳥磷肥可促進更多花芽形成				
繁殖方法	扦插		扦插		扦插為主
病蟲害防治	易受紅蜘蛛危害，平時應加強通風，並用有機法防治				
其他					

Q 茉莉的栽種環境要注意什麼呢？

彰化的花壇鄉非常盛行栽種茉莉，儼然已成為台灣茉莉花的重要產地。其中以虎頭茉莉品種最被廣泛接受。茉莉耐旱也抗濕，適合台灣的氣候型態，但在栽種過程中需要全日照；一旦缺乏日照，容易有徒長現象，甚至導致植株衰弱。另外也要經常修剪，使其萌生新芽。開花期前追加磷肥能增加開花數量。

Q 茉莉的花期很長，但綻放時間很短，該如何採收呢？

茉莉屬於常綠小灌木，常在季節更替時大量開花，大都是在清晨時採摘，然後在當天進行加工，或是直接就生鮮部分使用。

茉莉

素馨

毛茉莉

素馨屬包括茉莉、毛茉莉及素馨等，都可以加入茶飲中。

薔薇科。半落葉性灌木

天使薔薇 ANGEL ROSE
學名／ *Rosa chinensis* cv.

保濕、抗氧化

口感與香氣

天使薔薇散發著玫瑰香氣，極具有吸引力，深深讓人喜歡。口感溫和、清爽。除了觀賞價值外，運用在茶飲方面也相當合適。

泡茶的部位

泡茶以花苞或綻放的花卉為主，花色有純白、粉紅等色系，花卉較小，也可直接食用。葉、莖部位不會特別使用。

採收季節與方式

在台灣，因氣候適宜，幾乎可達到全年開花的地步，唯獨冬天會落葉，花卉數量較少。由於莖部帶有尖刺，採收時最好戴上手套或用花剪採收。

身心功效

天使薔薇與玫瑰相同，具有讓人愉悅的效果，還有保濕、抗氧化等功能，因此泡製生鮮香草茶，相當受女性同好的喜愛。

---

check 尤老師小提醒

自行栽種的話，需要時直接採摘花朵進行沖泡即可。花卉遇高溫不會變黑，可在沖泡複合式生鮮茶飲時一起加入。

天使薔薇茶飲
私房搭配推薦　☑ 複方

由於花色美麗，非常適合與男女主角及配角茶飲香草進行複方搭配，但不適合單獨沖泡。除了非常爽口外，也能增加茶湯整體美感。

搭配 1　天使薔薇＋葡萄柚薄荷

薄荷的清涼感可以提振精神，尤其是一大早就採摘，適合在早餐後享用。加上天使薔薇花朵，更能帶來一整天的好心情。

天使薔薇　　　葡萄柚薄荷
5-8朵　　　　10公分×2枝

搭配 2　天使薔薇＋檸檬香茅＋義大利馬郁蘭

天使薔薇色澤美麗，與夏季成長良好的檸檬系香草一起沖泡，再搭配義大利馬郁蘭的口感，更提升整體層次，適合下午茶飲用。

天使薔薇　　　檸檬香茅　　　義大利馬郁蘭
5-8朵　　　　5公分×3片　　　10公分×1枝

Q 所有的薔薇科都可以入茶飲嗎？

薔薇科植物非常多，並不是每一種都可以沖泡成茶飲，例如斗篷草屬與草莓屬都隸屬於薔薇科，就沒有直接加入茶飲中。而同屬薔薇科的棣棠花，則可以直接用花朵沖泡茶飲。

搭配 3 ▶ 天使薔薇＋糖漿

將做好的接骨木糖漿或玫瑰花釀擺上天使薔薇的花卉，可增添飲品的附加價值。糖漿方面，需搭配涼水，以 10：1 的比例稀釋。

天使薔薇
5-8朵

糖漿
稀釋後300毫升

（其他搭配推薦）

天使薔薇＋檸檬香蜂草

帶有檸檬香氣的果香與玫瑰般的絕妙口感，既好聞又好喝。

天使薔薇＋茴香

茴香的營養搭配天使薔薇的美麗，口感與視覺俱佳。

檸檬香蜂草

茴香

天使薔薇
栽培重點

種植天使薔薇，一般都是購買幼苗或成株來栽種。可以在春、秋兩季，剪下枝條來扦插繁殖，由於不宜過於潮濕，因此必須掌握正確的供水時機，等到土壤快要完全乾燥時，才予以澆水。

事項	春	夏	秋	冬	備註
日照環境	全日照	半日照	全日照	全日照	
供水排水	土壤乾燥再供水，排水要順暢				
土壤介質	砂質壤土最佳				
肥料供應	施加磷肥	施加氮肥	施加磷肥	施加氮肥	地植為主 經常加以追肥
繁殖方法	扦插		扦插		扦插為主
病蟲害防治	病蟲害較少，但必須經常修剪，保持通風				
其他					

Q 栽種天使薔薇要注意哪些事項？

種植薔薇科植物，尤其是玫瑰或薔薇，除了水分控制要得當外，也要經常補充肥料。追肥部分可以每三個月一次，因為是重肥性香草，可同時追加氮肥及磷肥，並盡量以有機肥為主，雖然如此較為緩效，但對植株較有幫助。由於春、夏之際蟲害較多，可在植株四周種上細香蔥、芸香或艾菊等忌避植物，以達到共生效果。

Q 薔薇與玫瑰該如何區分呢？

一般人常以為大朵花稱玫瑰，小朵花叫薔薇，實際上並非如此。玫瑰與薔薇正確來說，是以西元 1867 年為分界，1867 年之前的原生種玫瑰，稱為「古典玫瑰」，即所謂的「薔薇」，之後的改良品種則是「摩登玫瑰」或「現代玫瑰」，通稱為玫瑰。

Q 天使薔薇可用玫瑰替代入茶飲嗎？

可以。沖泡香草茶最好的方式，就是自己栽種，然後直接採摘入茶。若是做為切花用的純觀賞性玫瑰，因為有可能噴灑農藥，並不適合加入茶飲中。玫瑰有分為大輪、中輪及小輪的品種，以中輪和小輪較為合適。

天使薔薇從立秋到夏至都會持續開花，就算是高溫多濕的夏季也是如此，隨時可採收花卉使用。

菊科。一至二年生草本植物

向日葵

SUNFLOWER

學名／*Helianthus annuus* Linn.

幫助消化

口感與香氣

充滿陽光感的向日葵，又被稱為「太陽花」，雖然香氣及口感不特別明顯，但加入茶飲可以帶來獨特的視覺效果，可說是夏季最繽紛的色彩。

泡茶的部位

以花卉為主要的泡茶部位。花卉分為中、大、小三種，建議選擇中、小二種來沖泡。花朵在逐漸萎凋會結種子，也就是所謂的葵花子，也可以入茶飲，能為茶飲的香氣加分。

採收季節與方式

由於主要以播種為主，因此在春、夏之際播種，整個夏季都是開花期。基本上每株一朵花，但修剪後還是會繼續開花。可直接修剪花朵，搭配其他茶飲香草沖泡。

身心功效

向日葵可以幫助消化，甚至增加食慾，因此在炎炎夏日沖泡香草茶，加上美麗的向日葵，可以讓心情變得更舒暢，甚至達到解暑的功效。

 尤老師小提醒

由於向日葵香氣及口感不明顯，因此適合與男女主角茶飲香草一起沖泡。值得注意的是，向日葵花朵較其他花且的花朵大，因此不適合再搭配其他花卉。

向日葵茶飲
私房搭配推薦　　☑ 複方

向日葵由於不屬於直接食用型花卉，因此都做為襯托角色，可增添茶飲的觀賞價值。生鮮的向日葵花朵可直接以熱水沖泡，與其他茶飲一同浸泡三分鐘後即可飲用。

搭配 1　向日葵＋檸檬香茅

檸檬香茅具有濃濃的檸檬香氣，加上向日葵可以中和口感，並帶來視覺效果。由於多在夏季飲用，可搭配冰塊增加清涼感。

向日葵　　　　　檸檬香茅
1-3朵　　　　　 5公分×3片

搭配 2　向日葵＋薄荷＋甜羅勒

夏季是薄荷與甜羅勒成長茂盛的季節，採用當季香草來沖泡，再加上向日葵美麗的花朵，可以增添茶飲的樂趣。

向日葵　　　　薄荷　　　　　甜羅勒
1-3朵　　　　10公分×3枝　　10公分×1枝

Q 向日葵的採摘及運用有何特色呢？

向日葵可用花剪或直接手採摘下來加入茶飲中，除了觀賞價值，另外也有解暑的功能。夏季成長很好的向日葵，由於花色美麗，更能舒緩心情。另外在香草花園中，也是不可或缺的夏季香草植物。

其他搭配推薦

向日葵＋檸檬馬鞭草

向日葵與夏季成長良好的檸檬馬鞭草搭配，十分應景。

向日葵＋義大利香芹

義大利香芹十分營養，搭配美麗的花朵，讓人身心都被療癒。

檸檬馬鞭草

義大利香芹

Q 向日葵花朵如果太大，是否適合泡茶？

主要看沖泡的容器大小，若是 1 至 3 人左右的玻璃壺，比較適合用中、小型的花卉。若是宴會使用的較大容器，則可以考慮大朵的向日葵。不論大小如何，口感與香氣皆同，都能增加飲品整體的視覺效果。

Q 向日葵的葵花子怎麼泡茶？

葵花子是大家耳熟能詳的零嘴。若要將葵花子加入茶飲，最好是將外殼去除，再與其他茶飲香草一起沖泡，不僅可增添口感，還有豐富的營養價值。

向日葵
栽培重點

由於屬於一至二年生香草，因此往往在夏季開完花就漸漸枯萎；由冬轉春的季節也會零星開花，有二個開花時節。可在開花季前一個月左右播種（散播或條播皆可），進入開花期後即可進行採收作業。

事項	春	夏	秋	冬	備註
日照環境	全日照	全日照	全日照		
供水排水	即將乾燥時再供水，排水須順暢				
土壤介質	一般壤土即可				
肥料供應	追加氮肥	開花期前 追加海鳥磷肥	追加氮肥		
繁殖方法	播種	播種			播種後 約一個月 會開花
病蟲害防治	病蟲害不多				
其他					

Q 向日葵花卉適合的環境為何？

與其他香草植物不同的是，向日葵較不畏懼高溫、多濕的環境，尤其夏季高溫並不會有太多成長的阻礙；但若連續下大雨，還是會對花朵造成傷害。不喜好15℃以下的低溫，因此冬季必須在溫室中成長。向日葵也是很棒的綠肥植物，可在整株枯萎後進行翻土，然後栽種其他作物。

向日葵最廣泛的應用，是在觀賞方面的價值，壯觀的花海讓人驚豔。

菫菜科。一年生草本植物

香菫菜　WILD PANSY

學名／ *Viola tricolor*

幫助消化、改善便祕

口感與香氣

具有清淡的香氣，類似茉莉，香氣不那麼明顯，甚至感覺不到香氣的存在。口感滑順。為可食用花卉，除了茶飲使用外，也可以加入生菜沙拉中，增添口感。

泡茶的部位

僅運用花卉部分，葉的部位完全不能食用。由於花卉有各種顏色，甚至在尚未開花前，也無從得知其花色，因此會建議多栽種一些數量，來增加花色的種類。

採收季節與方式

從每年的 11 月開始，就會陸續開花，甚至會提早到 10 月底，最長可持續到隔年的 5 月初，開花期間要經常採摘花卉，可以促進繼續開花。

身心功效

有提振精神與消除鬱悶的心靈幫助。另外也能幫助消化、解決便祕困擾。

 尤老師小提醒

由於花卉脆弱，所以在採摘時必須小心溫柔，保持花朵完好。另外東北季風所帶來的降雨，也會將花卉打壞，因此建議盡可能避雨。沖泡時不宜用超過 80℃以上的高溫熱水，以免破壞花卉的美感。

香堇菜茶飲
私房搭配推薦　☑ 複方

香堇菜多彩的花朵，非常適合與男、女主角茶飲香草，以及配角一起搭配，五顏六色的變化，淡淡的香氣，又是可食用花卉，總是讓人喜愛萬分。

搭配 1　香堇菜＋檸檬香蜂草

檸檬香氣的香蜂草，單獨沖泡就很爽口，若是能再加上美麗的香堇菜花朵，更能感受春天的氣息。

香堇菜
10-15朵

檸檬香蜂草
10公分×2枝

搭配 2　香堇菜＋薰衣草＋黃金鼠尾草

薰衣草有許多品種可選擇，搭配黃金鼠尾草金黃的葉色與香堇菜繽紛的花色，可以讓這款複合式茶飲更有層次。

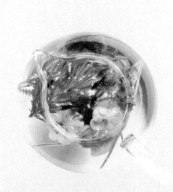

香堇菜
10-15朵

薰衣草
10公分×2枝

黃金鼠尾草
10公分×1枝

Q 香菫菜與三色菫有何不同，三色菫也可以沖泡茶飲嗎？

香菫菜與三色菫同屬菫菜科，其最大的不同，在於花朵的大小。香菫菜花朵較小，且帶有淡淡的香氣；三色菫的花朵較大，但不具有香氣。兩者同樣都屬於可食性花朵，可以加入茶飲與入菜。

搭配 3 香菫菜＋葡萄汁

香菫菜可搭配各式果汁，特別是可食的花卉，不用加熱就能帶來視覺享受及美味的口感。

香菫菜
10-15朵

葡萄汁
300毫升

其他搭配推薦

香菫菜＋檸檬羅勒

香氣獨特，茶湯極美，塑造出茶飲最大的視覺效果。

香菫菜＋紫蘇

兼具口感與色澤，就算沒有男、女主角的加持，也能品嘗到絕妙口感。

檸檬羅勒　　　　　　紫蘇

香菫菜
栽培重點

香菫菜可說是每年冬、春必種的香草植物，在全日照的環境下會成長快速，並開出花來。換盆添加基肥時，可同時施用氮肥及磷肥。非常不喜好潮濕的環境，因此必須掌握土壤即將完全乾燥時，再予以供水。

事項	春	夏	秋	冬	備註
日照環境	全日照		全日照	全日照	
供水排水	即將乾燥時供水，排水要順暢				
土壤介質	一般壤土及培養土皆可				
肥料供應			施加有機氮肥以利成長	施加磷肥	
繁殖方法	收集種子待立秋後種植		播種	播種	播種為主
病蟲害防治	開花期，可盡量摘蕾以促進再開花	隸屬一年生香草，無法過夏，可等中秋節過後再播種		開花期，可盡量摘蕾以促進再開花	耐寒性強
其他					

Q 在沒有香菫菜的季節，
可以用什麼花朵來代替？

在夏季沒有香菫菜時，可選擇石竹
或是紫孔雀來點綴茶湯的色彩。

Q 香菫菜除了沖泡茶飲，還有甚麼運用嗎？

香菫菜與三色菫都被稱為「貓兒臉」，花卉有單色，也有複色，甚至有三色，
因而得名。由於其多樣性的花色，除了適合沖泡茶飲外，運用在料理，如沙拉
類，或是與水果一起搭配，還是運用在烘焙上，都非常亮眼。另外還可以運用
在押花等花藝作品上。

微涼的時節，各色香菫菜帶來了春意。

忍冬科。常綠藤本植物

金銀花 HONEYSUCKLE
學名／*Lonicera japonica*

清毒解熱、預防感冒

金銀花須摘除
蒂頭後使用。

口感與香氣

金銀花具有清新的香氣，茶湯爽
口。屬於可食性花卉，口感非常地
清脆，在飲茶同時可直接食用。燉
湯時也可加入。

泡茶的部位

主要以花卉入茶，花卉初期是純
白，會漸漸轉為黃色，然後凋謝。
白花或黃花都可以運用在茶飲當
中，香氣與口感相同。

採收季節與方式

主要於季節轉換的春、秋之際採收
花卉。此時花卉精油成分較高，茶
飲的香氣最為芳醇。可直接用手採
摘，或是用花剪將整個枝條剪下，
再取其花卉的部分，枝條可以再進
行扦插。

身心功效

具有清毒解熱的功效，另外也有預
防感冒的效果。特別是黃白色的花
朵，可在飲茶過程直接食用，也有
幫助消化的作用。

---

check　尤老師小提醒

主要花期在春、秋兩季，但若栽培的植株超過三年以上，甚至可以全年開花，
可說是花旦的茶飲用香草中，最容易取得花卉的品種。

金銀花茶飲
私房搭配推薦 ☑ 複方

金銀花可以和其他茶飲香草一起浸泡在熱水中，約三分鐘就會有香氣撲鼻而來。比較不適合單獨沖泡，香氣與口感會過於單調。

搭配 1 　**金銀花＋檸檬馬鞭草**

金銀花的花香，搭配檸檬馬鞭草清爽的檸檬香氣，適合在春、秋季節轉換之時飲用，可以預防感冒。

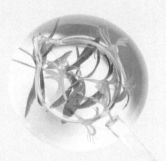

金銀花
10-15朵

檸檬馬鞭草
10公分×1枝

搭配 2 　**金銀花＋百里香＋藍小孩迷迭香**

具有殺菌效果的百里香，搭配提神醒腦的迷迭香，再加上清毒解熱的金銀花，可以舒緩感冒症狀。百里香可用綠百里香或女主角的檸檬百里香替代，迷迭香則可以選擇藍小孩迷迭香，香氣溫和，值得推薦。

金銀花
10-15朵

百里香
10公分×3枝

藍小孩迷迭香
10公分×1枝

Q 金銀花還有一種紅花的品種，也可以沖泡茶飲嗎？

可以，紅花品種金銀花剛開花為紅色，漸漸會變成黃色，其香氣及口感都是相同的。紅花品種早期在台灣並不常見，直到最近香草植物慢慢生活化之後，已經可以在苗圃或是花市尋覓到。栽種上與一般的金銀花相同，開花性也很強。

搭配 3 ▶ 金銀花＋果凍

在果凍的製作過程，可直接加入生鮮的金銀花花卉，增加色澤，也可同時食用。也可以直接購買果凍，在其上擺上花卉。其中以葡萄果凍最為搭配。

金銀花
10-15朵

果凍
1個

其他搭配推薦

金銀花＋檸檬香蜂草

香蜂草的檸檬香氣，與金銀花非常搭配，也可改用黃金檸檬香蜂草，色澤更加美麗。

金銀花＋紫蘇

金銀花可以搭配紅紫蘇，欣賞黃、白、紅色的茶湯。也可以使用綠紫蘇。

檸檬香蜂草

紫蘇

金銀花
栽培重點

金銀花的栽種非常簡單，也很容易照顧。可以在春初購買幼苗進行換盆，或到親朋好友家剪下金銀花的枝條，回家進行扦插，由於發根率很高，很快就可以成株。開花期前可施加氮肥及磷肥，植株成長會更茁壯，開花數也更多。

事項	春	夏	秋	冬	備註
日照環境	全日照	全日照	全日照	全日照	
供水排水	土壤乾燥再一次澆透，排水須順暢				
土壤介質	對土壤要求不嚴				
肥料供應	開花期前同時追氮肥與磷肥		開花期前同時追氮肥與磷肥		
繁殖方法	扦插		扦插		播種、扦插
病蟲害防治	要防範蟲害	要防範病害保持通風並加以修剪			病害有褐斑病，要加強通風管理。蟲害有蚜蟲、紅蜘蛛等，可用有機法防治
其他	夏季因為有颱風侵襲，可以適時加以修剪				

Q 金銀花又稱為「忍冬」，是指冬季成長最好嗎？

並不是，金銀花成長最好的季節，是在每年的秋分過後。由於進入冬季，並不
會落葉，還可以繼續成長，因此有「忍冬」之稱。在台灣經過長期馴化，已經
很適合台灣的氣候特性，抗旱又耐濕，只要有充足的日照，就可以成長很好。
特別要注意的是，最好種植在圍籬旁或是有棚架的場所，其具有蔓爬的特性，
可以延伸成一個面。

金銀花的枝條會蔓爬，屬於蔓藤性的香草植物，種植於圍籬或棚架，可以延伸成一個面，當整片
花朵綻放，非常漂亮。

菊科。多年生草本植物

紫錐花 CONEFLOWER
學名／*Echinacea purpurea*

清毒解熱、增加抵抗力

口感與香氣

紫錐花帶有淡淡的清香，加入茶飲也非常順口。在國外，總是會在仲夏夜，喝上一杯紫錐花茶，非常愜意。

泡茶的部位

主要使用花卉部分，枝葉並沒有加入茶飲當中。品種不少，其中以粉色及紫色的花卉最為合適。

採收季節與方式

花期很長，從春末到夏季結束都可採摘，其中又以夏季，花朵最為盛放，可在春、夏之際陸續採收，愈摘蕾花開愈多。

身心功效

有清毒解熱、增加抵抗力等功效，在夏日氣溫高時加以飲用，可以有效地消除暑意，防止中暑。看見美麗的花朵浸泡在茶湯，不禁令人心曠神怡，疲憊一掃而空。

---

check 尤老師小提醒

紫錐花這些年來引進台灣，經過引種栽種與馴化，目前在各苗圃或花市，都可以尋得。在沖泡方面冷熱皆宜，由於花朵較大，數量不宜過多。可以先用熱水沖泡出香氣，再加上冷水與冰塊，即可飲用，在炎炎夏日，不失為消暑飲料。

紫錐花茶飲
私房搭配推薦　☑ 複方

紫錐花與香氣獨特的男主角茶飲香草，互相添加效果最好，尤其是薄荷類，可促進食慾、幫助消化。另外與檸檬系列的女主角茶飲香草，彼此添加也很合適。

搭配 1　紫錐花＋薄荷

紫錐花美麗的花朵，搭配夏季清涼的薄荷（特別是在台灣成長最好的荷蘭薄荷），香氣淡雅，滋味爽口。若想增添甘甜口感，可加入蜂蜜或楓糖等。

紫錐花
1-3朵

薄荷
10公分×2枝

搭配 2　紫錐花＋德瑞克薰衣草＋紫紅鼠尾草

德瑞克薰衣草的枝葉，可以帶來獨特微妙的香氣。再搭配紫紅鼠尾草以及紫錐花，更增添了茶湯的色彩，非常推薦。

紫錐花
1-3朵

德瑞克薰衣草
10公分×1枝

紫紅鼠尾草
10公分×1枝

Q 紫錐花也可以運用在料理方面嗎？

紫錐花雖有高雅的香氣，但直接食用會有少許苦澀味。建議如果要添加到料理中，最好將花瓣剁碎混加入絞肉，或是整朵花沾麵糊油炸。另外，做為料理盤飾也是很好的選擇。

搭配 3 紫錐花＋茉莉綠茶

夏季午後的雷陣雨，
總是讓人感到鬱悶，
在此時沖泡紫錐花
與茉莉綠茶的茶飲，
可以沉澱心靈，使
心情平靜。

紫錐花
1-3朵

茉莉綠茶
500毫升

(其他搭配推薦)

紫錐花＋百里香

綠葉百里香或是檸檬百里香，都與紫錐花
非常地搭配。

紫錐花＋玫瑰天竺葵

紫錐花與玫瑰天竺葵的葉、花一起沖泡，
能有效改變氣氛，增加生活情趣。

百里香   玫瑰天竺葵

紫錐花
栽培重點

紫錐花可以播種與扦插，扦插以每年春季最為合適。可在苗圃直接購買成株的植栽來扦插，等到發根之後，適當施予氮肥及磷肥，即可在當年夏季開花。花朵要經常採摘，會促進再開花。栽培的場所特別喜歡全日照的環境。

事項	春	夏	秋	冬	備註
日照環境	全日照	全日照	全日照	全日照	
供水排水	即將乾燥時再供水，排水須順暢				
土壤介質	一般壤土及培養土皆可				
肥料供應	追加氮肥	開花期前追加海鳥磷肥	追加氮肥		
繁殖方法	扦插為主			冬季成長狀況較差，甚至會枯萎	
病蟲害防治	病蟲害不多，但要經常摘蕾，以促進再開花				
其他					

Q　紫錐花在台灣種植，需要注意什麼呢？

紫錐花引進台灣已經一段時間，經過農政單位的培養與馴化，目前都能適應台灣的氣候，甚至在高溫多濕的夏季，也能開出花來。只是到了冬季比較不耐低溫，甚至會枯萎。另外，建議可以進行地植，挖溝堆壟，增加排水性，由於抗旱性較強，盡量避免環境過於潮濕。

Q　紫錐花為什麼被稱為保健植物？

紫錐花在國外被視為保健植物，據研究報告顯示，紫錐花可以有效地改善體質，增加免疫力。特別是從花卉提煉的化學物質，有助身心健康，因此在國外的保健食物、藥品、飲料，甚至是膠囊，都會添加紫錐花。

在高溫多濕的夏季，也能開出花來。

忍冬科。台灣種植為常綠灌木

西洋接骨木 ELDER
學名／*Sambucus nigra*

利尿、鎮痛

口感與香氣

純白色花朵有淡淡的清香，氣味令人舒爽。屬於可食性花卉，口感非常柔順，在飲用添加接骨木花的茶飲時吃下花卉，別有一番滋味。

泡茶的部位

主要使用的部位是花卉，枝、葉與果實較不會使用。茶飲通常以直接採摘的生鮮花卉沖泡，由於花朵較大，可用花剪稍微將花朵剪開以便沖泡。

採收季節與方式

接骨木開花的季節集中在每年 4 至 12 月，花期很長。若是露地種植，會長得很高大，地植後約第二年就會開始開花，由於是高性灌木，成長期久，每年都可以採摘花朵。

身心功效

接骨木花沖泡茶飲，有利尿、鎮痛等效果，對於消化也有助益，可舒緩胃脹。由於純白色花朵非常美麗，可以整體提升茶湯的視覺效果。

---

check 尤老師小提醒

由於台灣氣候與環境接近接骨木原產地斯里蘭卡等地，十分利於成長，因此開花期很長。最早在每年春初（約 4 月）即會開花，直到秋末冬初，甚至 12 月，也有開花紀錄。隨時可將花朵採摘下來，用水稍微浸泡漂洗一下，即可以熱水沖泡。

西洋接骨木茶飲 私房搭配推薦 ☑ 複方

接骨木在歐美有「家中必備的醫藥箱」之稱，也被應用在茶飲上，尤其花卉使用更是普遍。
茶飲中可搭配男女主角茶飲香草，形成複方香草茶，甚至也可搭配料理用的配角茶飲香草。

搭配 1　接骨木花＋檸檬百里香

接骨木的花與百里香系列非常搭，無論是綠葉百里香或檸檬百里香，都有麝香酚香氣，搭配接骨木獨特的香氣，是相當值得一試的組合。

接骨木花
1朵

檸檬百里香
10公分×3枝

搭配 2　接骨木花＋黃金檸檬香蜂草＋義大利香芹

黃金檸檬香蜂草具有接近金黃色的葉片，芬芳的檸檬香氣與鮮艷葉色，與具營養價值的義大利香芹非常搭，加上接骨木花可幫助消化，適合飯後飲用。

接骨木花
1朵

黃金檸檬香蜂草
10公分×2枝

義大利香芹
10公分×1枝

Q **冇骨消與接骨木非常相近，也可以沖泡茶飲嗎？**

冇骨消與接骨木在葉片上非常相近，但前者花朵在白花中另有黃色蜜腺；另外冇骨消為多年生草本，接骨木則是高性灌木；冇骨消果實為紅色，接骨木為黑色。冇骨消花因為沒有香氣且口感不好，並不會被用於茶飲。

> **搭配3** **接骨木花＋優酪乳**

兩者外觀同為純白色，也都具有助消化、舒緩胃脹的功效，非常適合吃完大餐後飲用。

接骨木花
1朵

優酪乳
300毫升

(其他搭配推薦)

接骨木花＋薰衣草

薰衣草可用花、枝、葉，與接骨木花一起沖泡，有鎮痛及舒緩神經的效果。

接骨木花＋奧勒岡

接骨木花與配角茶飲香草也非常搭配。奧勒岡也可改用甜馬郁蘭。

薰衣草

奧勒岡

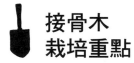

接骨木
栽培重點

接骨木在國外屬於落葉灌木，但由於台灣冬季並不會低於零度，所以經年常綠。由於會有走莖現象，因此容易形成聚落。盆具栽培成長較緩慢，若地植就會快速成長。

事項	春	夏	秋	冬	備註
日照環境	全日照	全日照	全日照	全日照	
供水排水	土壤乾燥再一次澆透，排水須順暢				
土壤介質	對土壤要求不嚴，陽明山土加椰纖栽培為宜				
肥料供應	追肥（磷肥為主）		追肥（氮肥為主）		
繁殖方法	扦插		扦插		扦插、分株
病蟲害防治					病蟲害少
其他	由於成長快速，要經常修剪，以免形成叢生狀態而通風不佳				

Q 聽說接骨木栽種很容易，但我好像每次都種不好？

是的，接骨木非常好栽種，雖然
比較無法從播種開始，但扦插非
常容易。建議可以同時購買兩
株幼苗，一株種植在較大的盆
具中，另一株則可以直接露地種
植，觀察其成長狀態，通常地植
的接骨木會快速成長。此時可以
修剪地植的接骨木枝條來扦插，
由於發根性強，沒多久就會有很
多新植株了。另外日照需充足，
成長才會良好。

通常地植的接骨木會快速成長。

Q 接骨木就字面上來看，是否有接骨的功能？

並非如此。接骨木的木質化枝幹很像骨頭連結的部位，故因此得名。葉片與果
實比較不會實際運用，但樹幹因為相當結實，在後羅馬帝國時代，常用來製作
十字架。食用或飲用的部位以花朵為主。

豆科。多年生草本植物，台灣多作為一年生

蝶豆 BUTTERFLY PEA
學名／*Clitoria ternatea*

抗氧化、利尿、止痛

\ 口感與香氣 ／

香氣清淡，口感獨特，花朵可食，但為了讓茶湯顏色變鮮豔，大部分會加入茶飲中，作用為增加視覺效果。

\ 泡茶的部位 ／

茶飲主要使用花卉部位，葉片及豆莢則較常運用在料理方面。屬於蔓爬性藤本，枝條部分則比較不會運用在茶飲與料理方面。

\ 採收季節與方式 ／

春、夏、秋為主要的開花季節。採集花卉建議選擇在清晨時刻，因為此時花朵會比較保留在枝條上，到了下午，花朵比較容易掉落。

\ 身心功效 ／

含有花青素，具有抗氧化的效果，另外還能利尿、止痛，在茶飲中因為有變色的效果，可以改變氣氛，舒緩心情。

 尤老師小提醒

在氣候轉變時容易開花，因此春、秋兩個季節開花性較強。由於開花期久，春、夏、秋都能採收，若花朵數量太多，可以乾燥保存。花朵不論新鮮或乾燥，都具有讓茶湯變色的效果。沖泡時適合用 80℃左右的熱水，與其他茶飲香草搭配時，可直接一起沖泡。

蝶豆茶飲
私房搭配推薦　☑ 複方

蝶豆花的花卉具有染色的視覺效果，能增加喝香草茶時的樂趣。無論是生鮮或乾燥花卉，都可以搭配男女主角、配角茶飲香草，但不建議單獨沖泡，會顯得比較單調。

搭配 1 蝶豆花＋百里香

百里香是最適合與蝶豆花搭配的茶飲香草，一起沖泡不僅有特別的香氣口感，還有色澤變化。藍色茶湯常讓人陶醉於香草茶飲的無比樂趣。

蝶豆花
3-5朵

百里香
10公分×3枝

搭配 2 蝶豆花＋檸檬馬鞭草＋水果鼠尾草

檸檬馬鞭草的檸檬香搭配鼠尾草，尤其是水果鼠尾草，可以讓茶飲兼具香氣與口感，此時再搭配蝶豆花，帶出色澤的襯托。在藍色茶湯中添加檸檬的汁液，會讓顏色轉變為粉紫色。

蝶豆花
3-5朵

檸檬馬鞭草
10公分×1枝

水果鼠尾草
10公分×1枝

Q 蝶豆花有分單瓣、重瓣的品種，另外還有白花品種，
這些都可以沖泡茶飲嗎？

蝶豆花較常見的是單瓣藍花品種，這也是原生品種。經過混交後，重辦品種目前在苗圃栽培
也非常普遍。白花品種則比較少見，但也有同一植株出現「藍花與白花同時開花」的現象。
白花蝶豆花當然也能加到茶飲中，但因為沒有變色效果，因此通常運用於觀賞方面。

搭配 3 蝶豆花＋可爾必思

乳白香甜的可爾必
思是女性及小朋友
的最愛，若是加上熱
水浸泡後放涼的蝶
豆茶湯，能讓色澤
變得更加多元，再
加上一些白酒，就
是既好喝又漂亮的
可爾必思沙瓦了。

蝶豆花
3-5朵

可爾必思
300毫升

其他搭配推薦

蝶豆花＋檸檬天竺葵

檸檬天竺葵的檸檬香氣，加上變色茶湯，
能帶來視覺與嗅覺的享受。

蝶豆花＋甜羅勒

營養的甜羅勒加上蝶豆花，顏色與味道都
十分討喜。

檸檬天竺葵

甜羅勒

蝶豆
栽培重點

剛開始栽培蝶豆花，可以買幼苗回來換盆或露地種植。開花後，會結出豆莢，裡面有種子，可以在乾燥後保存起來，可選擇在隔年春天用播種法來繁殖。由於蝶豆花具有爬藤性，所以栽種的四周必須有支柱或網架，以利其攀爬。

事項	春	夏	秋	冬	備註
日照環境	全日照	全日照	全日照	全日照	
供水排水	即將乾燥時再供水，排水須順暢				
土壤介質	一般壤土及培養土皆可				
肥料供應	追加氮肥	開花期前追加海鳥磷肥	追加氮肥		
繁殖方法	播種扦插皆可		趁開花後保存豆夾裡的種子		
病蟲害防治	病蟲害不多，但要經常摘蕾，以促進再開花				
其他	台灣北部山區較不容易度過冬季				

Q 蝶豆花好像無法度過台灣冬季，有什麼解決方法嗎？

蝶豆花雖屬於多年生草本，但由於台灣北部冬季較嚴寒，所以到冬天就會枯萎。
因此建議在北台灣栽培蝶豆花的同好入冬前先收集種子，等適合栽培的春季到
來再播種，由於蝶豆花成長快速，當年度就能開花。至於中南部因氣候不像北
部寒冷，加上苗圃業者大都採用設施栽培，過冬不是問題。

Q 最近蝶豆花茶飲非常夯，這是為什麼呢？

因為網路與新聞媒體報導提到了蝶豆花具有抗癌的功效，所以一時間蔚為風潮。
其實同樣現象也發生在蘆薈與南非葉上。不過罹病的患者應該以醫師的指示為
首要。從香草生活的角度來看，蝶豆花的功用以帶來茶飲樂趣為主。

Q 蝶豆花除了茶飲外，還有甚麼其他用途？

蝶豆花原產於亞洲熱帶，被東南亞許多國家當天然色素添加在食品中。台灣南
部早期已有栽種，與向日葵一樣做為綠肥植物使用。但從生鮮香草茶飲風行，
加上大家開始重視食安問題，食物染色從人工色素轉向天然色素，蝶豆花正是
其中一種。

茜草科。常綠灌木

梔子花

CAPE JASMINE

學名／ *Gardenia jasminoides*

消除疲勞、改善氣氛

口感與香氣

只要靠近花朵能就嗅聞到濃郁的香氣。由於梔子花不屬於直接食用的花卉，因此大部分都是取其香氣，添加搭配的其他香草而增加層次感。

泡茶的部位

以花卉為主，其他莖、葉很少使用。由於花卉較碩大，因此大約加 1 至 3 朵到茶湯中。開花後大概 1 至 3 天就會凋謝，花朵會變枯黑，此時就不再適合使用。

採收季節與方式

梔子花開花期主要在每年四月，大致在由冷轉熱的季節。如果是露地種植會密集開花；盆器栽培的開花數量較少，在開花時可以用花剪或手採摘，並趁新鮮時沖泡。

身心功效

具有提振精神、消除疲勞的功效，香氣也能改善氣氛，令人愉悅。雖然花期很短，然而正因如此，開花季所採摘下來的花卉沖泡茶飲，養生效果更佳。

---

check 尤老師小提醒

梔子花開花季集中在春季，由於開花期短，因此要把握到花訊，在清晨採摘花朵生鮮使用。花朵不易乾燥保存，最好採摘當天就搭配其他茶飲香草沖泡，建議在最後才添加，以保持其色澤。

梔子花茶飲
私房搭配推薦　☑ 複方

許多同好相當青睞茉莉與梔子花的香氣，主要是因為它們的香氣都比較濃郁，加上花期極短，彌足珍貴。梔子花可搭配男女主角或配角茶飲香草一起沖泡。

搭配 1 ▶ ## 梔子花＋檸檬天竺葵

搭配女主角茶飲香草，可同時享受檸檬的果香與濃郁的花香，讓一天的精神飽滿，元氣十足。

梔子花
1-3朵

檸檬天竺葵
10公分×1枝

搭配 2 ▶ ## 梔子花＋蘋果天竺葵＋百里香

百里香能有效殺菌，蘋果天竺葵具有營養，加上梔子花消除疲勞的功效，在一天工作結束後來上一杯，既健康又愜意。

梔子花
1-3朵

蘋果天竺葵
10公分×1枝

百里香
10公分×3枝

Q 　梔子花適合與其他花旦茶飲香草一起沖泡嗎？

梔子花的香氣濃郁，不適合與其他花旦一起混合沖泡。不過開花的薰衣草或百里香倒是無妨，因為這兩種都會連枝帶葉一起沖泡，且男主角茶飲香草適合與其他香草搭配，所以相當對味。

搭配 3　梔子花＋抹茶

抹茶有高度營養，是日本人的最愛，搭配同為日本人喜愛的梔子花純白花卉，彷彿造訪北國大地，帶來異國的情調。

梔子花
1-3朵

抹茶
10公克

其他搭配推薦

梔子花＋薄荷

薄荷搭配梔子花有清涼與視覺的雙重效果，因此適合在春、夏之際飲用。

梔子花＋茴香

營養價值極高的茴香，搭配香氣濃郁的梔子花，彼此相得益彰，讓人心曠神怡。

薄荷

茴香

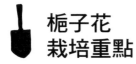

梔子花 栽培重點

梔子花可選擇在春天購買幼苗，由於抗旱、耐濕，很適合台灣的氣候條件與栽培環境。當年度就會開花，但數量較少；到了隔年的一、二月，可添加海鳥磷肥，促進其開花。

事項	春	夏	秋	冬	備註
日照環境	全日照	全日照	全日照	全日照	
供水排水	土壤即將乾燥時供水，排水盡量順暢				
土壤介質	一般壤土或培養土皆可				
肥料供應	開花期前追加海鳥磷肥				
繁殖方法			扦插	扦插	
病蟲害防治					病蟲害不多
其他	適合直接露地種植				

Q 梔子花的花期短，生鮮花卉好像比較不容易取得？

梔子花在花旦茶飲香草中花期偏短，往往集中在春、夏之際，開花之後就必須等到明年，因此價值珍貴。也正因如此，把握開花期飲用最新鮮的花卉茶飲，便成了最高級的享受。

Q 梔子花採摘下來沒多久就會發黑，如何加以避免呢？

梔子花被摘下後，花瓣很容易發黑，建議連枝帶葉插在水瓶中，如此可保持大約 1 至 3 天。將花朵放入冰箱冷藏也可以增加保存期限；但最好的方式還是現摘現用。如果花朵數量甚多，不妨收集起來，蒸餾做成純露，可運用於清潔與護膚。

重瓣品種　　單瓣品種

早期梔子花為單瓣品種，為了增加其觀賞價值，後來又出現重瓣品種，也就是俗稱的「玉堂春」。

具有較特殊的香氣，
適合單獨沖泡，
使用上宜少量。

特技演員

茶飲中的「特技演員」，顧名思義，其香氣及口感較為獨特，並非所有
人都可接受，且其功效因人而異，因此特別歸納出一類，供同好沖泡茶
飲時參考。

鳳梨鼠尾草的水果香氣甚濃，常會搶了其他茶飲香草的香氣，因此適合
單獨沖泡。貓穗草則是中藥中不可或缺的藥草，但有些人無法接受其氣
味。芳香萬壽菊雖然接受度高，卻不一定適合每個人的體質，必須少量。
魚腥草的氣味通常不易被接受，然而在茶飲中，卻又能產生不一樣的氣
味。至於到手香，早期就被使用在民俗療法中，知名度極高，且幾乎大
家都有栽種。

特技演員盡量不要與其他香草搭配，以單獨沖泡為主。由於香氣與口感
獨特，並不建議每天沖泡飲用，使用時分量宜少不宜多，是屬於比較特
殊的茶飲香草。

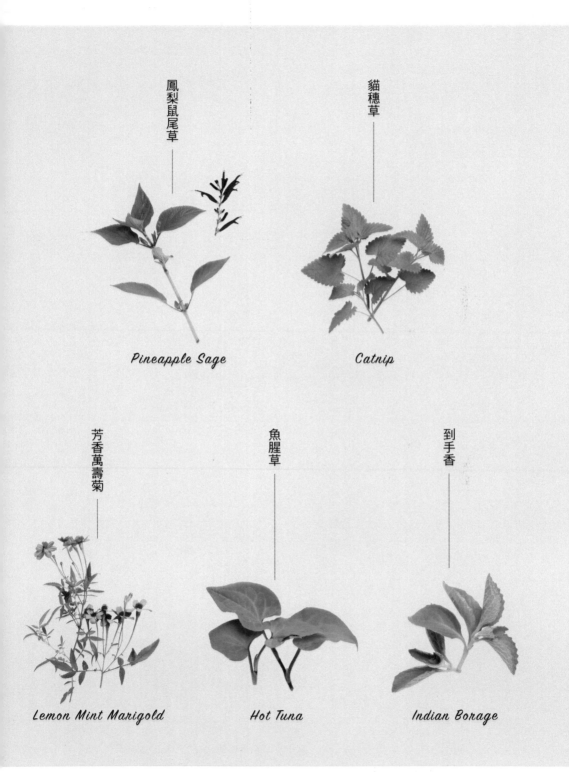

鳳梨鼠尾草

Pineapple Sage

貓穗草

Catnip

芳香萬壽菊

Lemon Mint Marigold

魚腥草

Hot Tuna

到手香

Indian Borage

唇形花科。多年生草本植物

鳳梨鼠尾草 PINEAPPLE SAGE

學名／*Salvia elegans*

幫助消化、提振精神

 單方

\ 口感與香氣 ／

具有類似鳳梨的香氣，由於氣味濃郁，並非人人都能接受。口感也很厚醇，與配角茶飲的鼠尾草風味迥然不同。

\ 泡茶的部位 ／

花、葉、莖皆可沖泡，主要開花期集中在秋、冬之際，為紅色的花朵，呈穗狀花序排列。沖泡茶飲通常用葉片及枝條，尤以頂端的嫩芽部位為佳。

\ 採收季節與方式 ／

由於屬於多年生，成長期長，因此可隨時採摘下來沖泡茶飲。直接以花剪剪下頂端算下來 10 公分左右，數量約 1 至 3 支，可隨個人的濃郁喜好程度決定，用 80℃ 熱水沖泡，大約 3 分鐘即可。

\ 身心功效 ／

能幫助消化、提振精神，在沖泡其他複合香草茶之餘，可以轉換心情，改喝單方沖泡的鳳梨鼠尾草茶飲。

 check 尤老師小提醒

由於容易取得，可隨時採摘，不須先經過乾燥。其中又以秋、冬、春三季最為合適。由於香氣濃郁，不喜歡太過濃香的同好，建議少量沖泡。

鳳梨鼠尾草
栽培重點

鳳梨鼠尾草是所有鼠尾草屬中較易栽種的品種，可在任何季節購買幼苗回來栽種，並以扦插法繁殖。由於成長快速，就算不施肥也能成長得很好，適合在庭園或露地直接種植。

事項	春	夏	秋	冬	備註
日照環境	全日照	半日照	全日照	全日照	
供水排水	排水良好，略帶乾燥的環境 等土壤即將完全乾燥時，再一次澆透				
土壤介質	鹼性肥沃的土壤				
肥料供應	施予氮肥		施予氮肥		就算不施肥 也可以 成長得很好
繁殖方法	扦插		扦插	扦插	
病蟲害 防治		忌諱夏季 高溫、多濕 要經常修剪			春、夏之際 比較會有蟲害 可用有機方法 防治
其他	適合直接露地種植				

Q 鳳梨鼠尾草與其他鼠尾草屬品種，最大的差別在哪？

由於鼠尾草屬的品種很多，台灣剛引進香草時，主要以綠葉、黃金、紫紅、三色等藥用性品種為主，隨著香草植物逐漸風行，這些帶有水果香氣的鼠尾草也陸續被引進台灣，如水果鼠尾草、鳳梨鼠尾草及櫻桃鼠尾草等。鼠尾草屬品種主要差別在於香氣的特徵不同，具有多樣性。

帶有水果香氣的櫻桃鼠尾草。

Q 鳳梨鼠尾草在照顧上，需要注意哪些事項？

鼠尾草的栽培通常忌諱高溫、多濕，因此在夏季成長比較不佳。不過夏季若是高溫而無雨，或是下雨後並沒有迅速回到高溫，就會成長得不錯，甚至可以過夏。鳳梨鼠尾草近年來經過馴化，比較能適應台灣的氣候環境，但經常修剪及維持充足的日照還是必要的。

唇形花科。多年生草本植物

貓穗草

CATNIP

學名／*Nepeta cataria*

預防感冒

☑ **單方**

\ 口感與香氣 ╱

有人形容貓穗草口感如菠菜汁，
香氣也類似蔬菜香。乾燥後的葉
片即是中藥材「荊芥」，因此聞
起來有一點中藥氣味。

\ 泡茶的部位 ╱

以葉、莖為主，可直接摘下葉片
沖泡，也可以連葉帶枝（以嫩枝
為最佳）。花卉也可以泡茶，主
要開花期為入秋時節，此時香氣
也最為芳醇。

\ 採收季節與方式 ╱

由於是多年生，全年都可以採摘，
但夏季成長狀況較不佳。用花剪將
嫩葉帶枝一起剪下，以 80℃左右
熱水沖泡。數量多少視個人喜好決
定，但普遍來說宜少不宜多，否則
會太過濃郁。

\ 身心功效 ╱

有預防感冒的效果，適合在季節
轉變的秋季及春季飲用。中藥主
要針對呼吸系統症狀，直接飲用
也可舒緩疼痛。

 尤老師小提醒

我早期栽種香草時，貓穗草是最成功栽種出來的品種，當時因為故鄉的落山
風強勁，當我有感冒前兆，就直接沖泡貓穗草，結果症狀緩和許多。因此春、
秋甚至冬季，都可以用貓穗草沖泡茶飲，此時也正是它成長最好的季節。

貓穗草
栽培重點

栽種貓穗草，播種或購買幼苗換盆皆可，等到成長較大時，就可以剪下枝條來扦插。其中播種的幼苗會比較茁壯。由於不耐多濕的環境，在供水上要特別注意。另外，日照良好也是成長的必要條件。

事項	春	夏	秋	冬	備註
日照環境	全日照	半日照	全日照	全日照	
供水排水	土壤乾燥後再一次澆透，排水須順暢				
土壤介質	一般培養土或壤土皆可				
肥料供應	入春之際追加氮肥		入秋之際追加氮肥		
繁殖方法	扦插		播種或扦插	扦插	播種、扦插以扦插為主
病蟲害防治		夏季高溫、多濕要注意通風且要經常修剪			病蟲害不多
其他	喜愛乾燥場所。需適時摘蕾以促進葉片成長				

Q 除了貓穗草外，貓薄荷及貓苦草也可以加入茶飲中嗎？

貓穗草又被稱為「白花貓薄荷」，但實際上兩者的外型及香氣相差非常多。貓穗草帶有香氣，貓薄荷則沒有；而貓薄荷口感不佳，在紫花盛開時節十分漂亮，因此大都做為觀賞用。至於貓苦草有醋味，並且不是同屬品種，較不適合加入茶飲之中。

貓薄荷不適合泡茶，大都做為觀賞用。

貓苦草有醋味，不適合加入茶飲。

Q 貓穗草的栽培環境，需要注意什麼呢？

貓穗草對環境的要求不大，只要日照充足及排水良好就很容易栽培。其中又以直接露地栽種成長速度較快。由於會吸引貓咪啃食，所以盡量不要種在容易有貓咪經過的地方。但反過來說，身為貓奴的我們如果有種貓咪喜歡的香草，何嘗不是值得高興的事？況且貓穗草對貓咪的消化系統極有幫助。

我的農園養有貓咪，牠們對貓穗草與貓苦草特別感興趣，經常會啃食。

菊科。多年生草本植物

芳香萬壽菊

LEMON MINT MARIGOLD

學名／ *Tagetes lemmonii*

幫助消化、提振精神

☑ 單方

🌿 ＼ 口感與香氣 ／

具有類似百香果的香氣，氣味濃郁，口感扎實。由於香氣過於獨特，與其他茶飲香草一起沖泡效果不佳，比較適合單獨沖泡。

🌿 ＼ 泡茶的部位 ／

主要以葉、莖為主，其中又以嫩枝、嫩葉為最佳，在開花期的秋、冬季節會開出黃色小花，可同時加入茶飲中。

🌿 ＼ 採收季節與方式 ／

一年四季都可採收，由於成長快速，愈摘芯長得愈快。香氣以春、秋兩季最為芳醇。可用花剪從頂端算下來約 10 公分處採收。

🌿 ＼ 身心功效 ／

有幫助消化、提振精神的功效，飯後來上一杯有助於舒緩胃脹。飯前一小杯則可幫助食慾。

---

check **尤老師小提醒**

由於是特技演員茶飲香草，不一定適合每個人，所以沖泡量不宜多。若非搭配其他香草不可，選擇男主角茶飲香草的薄荷比較合適，因為同樣有幫助消化的效果。

芳香萬壽菊 栽培重點

芳香萬壽菊可說是很好栽培的香草植物，成長期也長。在秋、冬之際會開出黃色花卉，開花期甚至會延長到春末（四月）左右。在秋季開花期前扦插，發根率最高。

事項	春	夏	秋	冬	備註
日照環境	全日照	全日照	全日照	全日照	日照須充足
供水排水	土壤即將乾燥時供水，排水要順暢				
土壤介質	一般壤土及培養土皆可				
肥料供應	換盆時 添加有機氮肥		追加氮肥		定植或換盆時 添加有機氮肥 當基礎肥
繁殖方法	扦插		扦插	扦插	播種、扦插 以扦插為主
病蟲害 防治	適時予以修剪	適時予以修剪			植株強壯 病蟲害不多
其他	芳香萬壽菊在春、夏之際若通風不良，常會導致葉蟎（紅蜘蛛）危害，可噴灑蒜醋水、辣椒水或葵無露。				

Q 芳香萬壽菊什麼時候修剪比較適合呢？等到氣溫回暖嗎？

芳香萬壽菊成長快速，經常修剪並沒有太大的問題。不過冬季是開花期，所以此時除了進行需要的採收外，並不會大肆修剪。在開花期結束的春、夏，最好進行強剪。由於高溫多濕而導致通風不良，容易產生病蟲害，修剪能幫助植株再成長。

Q 芳香萬壽菊最適合怎樣的土壤？

一般原產於地中海沿岸的香草植物，例如薰衣草、迷迭香、鼠尾草等，最好使用排水性好的砂質壤土比較合適，而芳香萬壽菊基本上不需太過挑選土壤，不過缺水將容易萎凋，建議盡量選擇像黏質性壤土這種保水性好的土壤。

秋、冬之際開出黃色花卉。

三白草科。多年生草本植物

魚腥草 Hot Tuna
學名／*Houttuynia cordata*

清毒解熱、預防感冒

☑ 單方

\ 口感與香氣 ／

若直接嗅聞葉片，會有類似魚腥般不好聞的氣味，但以熱水沖泡成茶飲時，氣味會轉為類似果菜汁的香氣，口感也可以被接受。

\ 泡茶的部位 ／

主要使用嫩葉，可以帶莖一起沖泡，花卉部位也可一起加入茶飲中。有時會與其他青草混合熬煮成青草茶。

\ 採收季節與方式 ／

一年四季皆可採收，春、秋二季是成長最好的季節，此時沖泡出來的茶飲比較好喝。使用 80℃ 左右的熱水，浸泡約 3 分鐘即可飲用。

\ 身心功效 ／

由於具有清毒解熱、預防感冒的功效，適合在季節轉換或早晚溫差較大的季節飲用。

 尤老師小提醒

由於氣味不佳，許多人因此避之唯恐不及，更別說沖泡成茶飲了。然而，一旦喝過就會喜歡上它。就好像臭豆腐一樣，雖然氣味不討喜，但吃過就會愛上它，魚腥草茶飲也是如此。不過沖泡量還是宜少不宜多。

魚腥草
栽培重點

在親友的農田或庭院中剪下幾段嫩芽即可扦插，直接分株亦可。需要注意的是，因為魚腥草蔓延性強，較不適合與其他植物進行合植，可以用長條盆直接栽培。

事項	春	夏	秋	冬	備註
日照環境	全日照	半日照	全日照	全日照	日照須充足
供水排水	喜歡較為潮濕的環境				
土壤介質	肥沃的砂質壤土及中性壤土				
肥料供應	添加氮肥		添加氮肥		
繁殖方法	扦插、分株、壓條		扦插、分株、壓條		扦插、壓條、分株皆可，其中以壓條最為便利
病蟲害防治		保持通風並適時予以修剪	成長狀況較差		容易發生葉斑病，常遭受紅蜘蛛危害，可用有機方法防治
其他					

Q　魚腥草的味道很不好聞，為什麼可以泡茶？

很多人會感受到魚腥草比較不好聞的氣味，但以熱水沖泡或熬煮後，類似魚腥的氣味就會不見，取而代之的是較清爽的香氣與口感，甚至有人會將魚腥草加入雞湯中和，吃起來特別爽口。

Q　魚腥草的栽培環境，需要注意什麼？

由於成長相當快速，甚至會蔓延成一大片，因此常被農民視為雜草剷除。由此可看出其強盛的生命力，不特別挑選栽培環境，而在田邊或水邊成長得相當快。由於魚腥草懼怕除草劑，因此其存在反而是有機栽培的最佳明證。

魚腥草的生命力強盛，很容易就蔓延成一大片。

唇形花科。多年生草本植物

到手香 INDIAN BORAGE
學名／ *Plectranthus amboinicus*

清毒解熱、健胃

☑ 單方

\ 口感與香氣 /

具有類似香柏的濃郁氣味，口感
強烈。雖說可以直接沖泡，但味
道會比較嗆鼻，而且口感獨特，
不一定所有人都可接受。

\ 泡茶的部位 /

主要使用葉片，莖部比較少使用，
開花期的花朵雖也可以加入茶飲
中，但會讓味道變得更濃郁，所以
較少直接添加。

\ 採收季節與方式 /

一年四季隨時可以採收，其中以春
季生命力最茁壯，甚至整個夏季也
都可以採收。沖泡茶飲時可加一些
鹽巴或糖漿，以此來增加口感。

\ 身心功效 /

有清毒解熱與健胃的功效，在民
俗療法中常用以舒緩喉嚨痛、止
咳去痰。

---

check **尤老師小提醒**

葉片採摘下來可直接沖泡，但由於葉片較肥大，也可先撕成小片再沖泡。氣
味極為濃郁、獨特，建議單獨沖泡，不適宜與其他茶飲香草一起沖泡，沖泡
量也不宜過多。

到手香
栽培重點

到手香是大家耳熟能詳的香草植物，原產於非洲南部，不畏高溫、多濕的氣候環境，全年成長良好，可說是很好栽種的香草植物。以扦插方式繁殖即可。

事項	春	夏	秋	冬	備註
日照環境	全日照	全日照	全日照	全日照	日照須充足
供水排水	供水正常，排水須順暢，稍微潮濕的環境亦可				
土壤介質	一般培養土及壤土皆可				
肥料供應	進行追肥		進行追肥		換盆或地植時施予基礎肥，以氮肥為主
繁殖方法	扦插		扦插	扦插	繁殖容易，扦插很快就可發根
病蟲害防治		要保持通風順暢以減少病蟲害			病蟲害不多照顧容易
其他					

Q 到手香的品種很多，是否都可以沖泡茶飲？
除此之外還有其他用途嗎？

除了基本款到手香外，小葉到手香、斑葉到手香及檸檬到手香，這些都可以少量沖泡茶飲，端看個人對其香氣與口感的喜好。由於有消腫的功能，可以揉碎後塗抹在蚊蟲叮咬之處，也能外敷治刀傷。此外還是香草手工皂的常見材料，也可製成到手香油膏。

小葉到手香　　　　　　　斑葉到手香　　　　　　　檸檬到手香

Q 到手香還有其他香草植物可以種植在室內嗎？

幾乎所有香草植物都不適合種植在室內，因為如果缺乏陽光直射，就無法進行光合作用，產生植物所需的葉綠素，進而導致徒長而衰弱。以到手香為例，擺在室內大約三週就會衰弱。

打造居家的鮮採小花園！
茶飲香草組合盆栽

　　生鮮香草茶飲所帶來的生活樂趣，除了茶飲本身的香氣、口感及視覺享受外，更重要的是可以採摘自己栽種的香草，來加以運用。茲介紹三款適合居家種植的組合盆栽。

 Let's do it！

材料與工具

❶ 香草植物
❷ 培養土
❸ 有機肥料
❹ 盆器
❺ 剪刀
❻ 鏟子

作法

1
於盆器中添加底土。

2
施加基肥，然後再用土覆蓋肥料。

3
將植株進行鬆根，約 1/3-
1/2 的土去掉。

4
按照植株高低落差，擺入盆器中。

5
植株與植株彼此保持適
當株間。

6
最後再將新土完全覆蓋舊土即
可完成，完成後要將土壤一次
澆透。

男主角組合

使用香草：

甜薰衣草、瑞士薄荷、綠葉百里香

甜薰衣草也可用其他薰衣草替代，如西班牙薰衣草等。薄荷則可選擇比較直立型的品種，如瑞士薄荷等。綠葉百里香也可用麝香百里香代替。男主角茶飲香草運用範圍廣泛，組合盆栽種植，方便隨時採摘。

女主角組合

使用香草：

**檸檬羅勒、檸檬百里香
檸檬香蜂草**

其他如檸檬香茅、檸檬天
竺葵或是檸檬馬鞭草等，
也可以互相搭配種植。女
主角茶飲香草本身就可以
單泡，或配合男主角、配
角及花旦一起沖泡，對喜
歡檸檬系的同好而言，最
值得推薦。

配角及花旦組合

使用香草：

迷迭香、茴香、蝶豆花

配角類的香草除了迷迭
香、茴香外，其他如鼠尾
草、天竺葵或是義大利香
芹等也都可以。因為可同
時作為料理使用，放在廚
房旁的陽台，非常合適。
另外花旦可隨著季節而更
換。

平常就可以在家栽種香草與食用花，要吃的時候再採。

除了泡茶，也能入湯底！
香草束花火鍋

文／馮忠恬

　　每年十一月到隔年四月的「香草束火鍋」是農園裡的重頭戲，尤次雄會先帶學員採集等等要用的香草花卉，邊採集邊講解，待手上全是香味，籃子裡也擺滿各路顏色的食材後，接著便是累積二十年深厚底蘊的味譜堆疊，跟著他的程序，一波波的加入香草束、食用花、水果玉米、蛤蜊，感覺味覺層次的變化。先是香草香、後有甜味，接著有海鮮的鮮味，味道也更甜了！

 吃花 point！

＊乾燥花 out，品嚐花朵最即時的味道！

　　對尤次雄來説，食用花沒有保存問題，「我都新鮮吃，要吃的時候再採。」他建議平常就可以在家栽種香草與食用花，像是芳香萬壽菊、金蓮花、香董菜等都好種又好用。

＊一路以大火熬煮，以香草與食材帶出香味

　　不用擔心火太大，吃香草束花火鍋，從最開頭的大骨熬湯就把大火催落去，一路不關小（湯不夠時加白開水即可），因香草束有特別搭配過，以香草作為湯底，花朵與食材沾染了香草味超迷人。

＊分階段放入食用花與香草束，品嚐不同滋味

　　共有兩把香草束，隨著食材一層層加入，湯頭味道隨之改變，因此味覺的感受是一波波的。大部分的食用花味道清雅淡緻，鍋的主味主要來自於大骨、香草束與水果玉米等食材，但湯頭裡細緻的差異便來自於不同食用花的組合，尤其是多放了如芳香萬壽菊等味道特徵較明顯的花，花味感受更明顯。

 Let's do it！

香草束花火鍋

材料

豬大骨頭	適量	當季食用花	適量

第一把香草束 ⋯⋯⋯ 1 把
迷迭香、百里香、鼠尾草
月桂葉、檸檬香茅、義大
利香芹

雞／豬肉片	一盒
水果玉米	1 斤
竹輪	10 個
豬絞肉	半斤
蛤蜊	1 斤
甜羅勒	適量

第二把香草束 ⋯⋯⋯ 1 把
黃金鼠尾草、阿里山油菊
蒲公英、薰衣草

作法

❶ 將豬大骨、第一把香草束、水果玉米入水熬煮，約 15 分鐘後香味散出。

❷ 在肉片裡包入食用花，捲起備用；竹輪裡裝上絞肉，將食用花插在絞肉上。

❸ 待作法❶的香味散出後，將花肉片、食用花放入湯底，煮熟即可開始吃第一輪。

❹ 第一輪快完食時，把第一把香草束取出，放入第二把香草束（轉變鍋底味道），並將花竹輪放入。

❺ 待第二輪吃到一半時，可放入蛤蜊與甜羅勒，湯的味道又慢慢改變了，途中都可隨時放花或其他喜歡的食材。沒湯時可加白開水且一路以大火熬煮，且熬湯的豬骨可別丟喔，吸滿了花草食材香氣，啃起來別有滋味。

 How to do

1 鍋底：第一把香草束

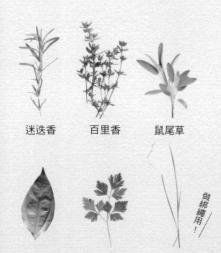

迷迭香　　　百里香　　　鼠尾草

月桂葉　　　義大利香芹　　檸檬香茅

做綁繩用！

2 換味：第二把香草束

吃到一個段落後，可把第一把香
草束拿起，以第二把香草束換
味，此為尤次雄花火鍋的精髓，
不同時節有不同的味譜搭配。今
天用了黃金鼠尾草、阿里山油菊、
西洋蒲公英與甜薰衣草，以細香
蔥把它們全紮在一起即可。

3 創意花食材：花肉片

組合步驟

1
用肉片把酸模捲起。（酸模也可改成奧勒岡、茴香、刺芫荽等香草）。

2
將食用花插在捲起的孔洞上。重複製作，每朵都可插上不同的食用花，完成色彩繽紛花肉片。

4 創意花食材：花竹輪

組合步驟

1

在竹輪中間放入絞肉，把和竹輪很搭的百里香與食用花插入絞肉裡。

2

一個竹輪放上一個百里香與食用花，重複步驟，製作出多元豐富花竹輪。

可以搭配花火鍋的

同場加映

芳香萬壽菊茶

花與葉皆有獨特的百香果味，味道濃烈，一公升熱水加 4 ～ 5 朵花即可。

香菫菜葡萄

將香菫菜與薄荷放在冰鎮的葡萄上，一起享用，味道超搭！冬天時，葡萄改為草莓也適合。

香草茶飲的身心幫助表

香草植物	頁碼	鎮靜	消除疲勞	提振精神	舒緩心情	幫助消化	殺菌	預防感冒
男主角								
百里香	44	✓				✓	✓	✓
薰衣草	52		✓		✓	✓		
薄荷	62		✓	✓		✓		
洋甘菊	72				✓		✓	✓
女主角								
檸檬香蜂草	82				✓	✓		
檸檬馬鞭草	88	✓	✓			✓		
檸檬香茅	94					✓		
檸檬羅勒	100			✓				
檸檬天竺葵	106		✓					
檸檬百里香	112	✓				✓	✓	✓
配角								
迷迭香	120	✓				✓		
鼠尾草	128	✓					✓	✓
奧勒岡	134					✓	✓	
義大利香芹	140					✓		
甜羅勒	146		✓	✓	✓	✓		
玫瑰天竺葵	152		✓					
茴香	158				✓	✓		
紫蘇	164			✓				✓

增加抵抗力	清毒解熱	舒緩疼痛	消暑	促進食慾	抗氧化	利尿	強身	其他
✓							✓	
								緩和脹氣
							✓	保護胃腸、保溫
✓						✓	✓	
✓	✓					✓	✓	
			✓	✓				
			✓	✓			✓	健胃、整腸
					✓			促進細胞活化、美肌 改善皮膚老化
							✓	安神、幫助記憶
							✓	
✓				✓				補鐵、促進血液循環
						✓		
				✓				
✓								改善便祕
✓								

香草茶飲的身心幫助表

香草植物	頁碼	鎮靜	消除疲勞	提振精神	舒緩心情	幫助消化	殺菌	預防感冒
花旦								
紫羅蘭	172				✓			
茉莉	178		✓	✓	✓			
天使薔薇	184				✓			
向日葵	190					✓		
香菫菜	196			✓	✓	✓		
金銀花	202					✓		✓
紫錐花	208							
西洋接骨木	214					✓		
蝶豆	220				✓			
梔子花	226		✓	✓	✓			
特技演員								
鳳梨鼠尾草	234		✓		✓			
貓穗草	238							✓
芳香萬壽菊	242		✓		✓			
魚腥草	246							✓
到手香	250						✓	✓

增加抵抗力	清毒解熱	舒緩疼痛	消暑	促進食慾	抗氧化	利尿	強身	其他
✓								
					✓			保溫
				✓				
								改善便祕
	✓							
✓	✓		✓					
		✓				✓		舒緩胃脹
		✓			✓	✓		
	✓							
								舒緩胃脹
✓								
	✓							健胃

香草與茶飲
帶給我的療癒

這麼多年以來,每天接觸香草植物,

品嚐生鮮香草茶飲,使得身心有很大的改善。

香草植物,它們帶給我最美好的療癒。

初衷

回想 20 多年前，我因為長期在職場打拼，且大部分擔任高階主管，經常被偏頭痛的痼疾所困擾著。雖然求助於國內診療，卻總是無法根除，於是藉由母親與大姊的協助到日本進行檢查，同時也到母親熟識的醫院，進行全身診斷。診斷結果雖說並沒有發現腦血管或腦神經的病變，然而高度的壓力絕對是導致疾病的元凶。就在當時，大姊送了我一本廣田靚子所著作的《HERB BOOK》，開啟了我對香草的認識，特別是書中的生鮮香草茶飲，引起我高度的興趣。

接觸

於是我在 1997 年再度來到日本，開始研習香草植物。日本園藝老師帶著我到神戶的布引香草園，在那裡看到許多花開美麗的香草；觸摸到香草植物各形各色的質感；聽到鳥鳴與蜜蜂辛勤工作的嗡嗡聲；聞到香草神奇與多樣的香味；同時也吃到最道地的香草料理，與品嚐最新鮮的香草茶。在五感的薰陶下，感受到最芬芳的世界，從此就愛上香草植物，並且締下不解之緣。

嘗試

回到台灣，1998 年首先從 50 種的種子開始嘗試栽種，雖然歷經種植失敗，但卻也因此下定決心，閱讀更多國外書籍，加以研究，終於在當年的中秋節過後，種出滿園芳香。由於當時香草植物並不普遍，甚至在花市或苗圃也無法找到芳蹤，於是決定自己成立香草屋工作室，開始販售自種的香草植物及香草相關產品，雖然剛開始並不順利，但隨著次雄對生鮮香草茶飲的推廣，讓香草植物逐漸深入愛好者的日常生活中，甚至出版人生的第一本書《香草生活家》。從此推廣香草生活便成了次雄一生的志業，也因此結交了許多香草同好。

挑戰

在與香草植物為伍的日子中,我真實地感受到種植花草的挑戰與樂趣,當然有部分愛好者因為栽培困難而放棄,然而我依然樂此不疲,特別是這幾年在陽明山時光香草花卉農園,藉由每天的觀察與照料,慢慢地累積關於栽培的知識,如日照、通風、供水、土壤、肥料、病蟲害防治等,配合各種香草植物的成長特性,也因此出版了第六本書《Herbs 香草百科:品種、栽培與應用全書》,有更多機會與香草愛好者進行交流,並增加栽種品種的數量。過程中,更配合著各種生鮮香草茶的沖泡與品飲,在好山好水的陽明山,感受大自然的美好,更再次深深體會到香草植物的芬芳,與生活應用的樂趣。

分享

還記得當時在日本研習時,園藝老師送給我「量力而為,從小做起;大處著眼,小處著手」的叮嚀,直到目前為止,我仍然堅守在香草的崗位中,每天觀察、研究及照顧這些植物,並且到處演講推廣香草生活的樂趣。一切的美好來自香草所帶來的自然生命力,也透過這 20 年堅韌的成長過程,了解到人生就是「珍惜與感謝」,珍惜每一刻與香草為伍的日子,感謝每位支持次雄的同好。當我與大家分享香草植物栽培與生活應用的同時,也讓自己生命更加充實。

感 謝

這麼多年以來,每天接觸香草植物,品嚐生鮮香草茶飲,偏頭痛已經遠離我。由於在農園有了適度的運動、豐富的心靈、自然的環境、充足的營養與單純的人際關係,使得身心有很大的改善,這都要歸功於生活與香草密切結合。

多年的香草栽培,讓我學習到「平常心」、「挑戰心」與「持續心」。保持著一顆平常心,就不會有過多的壓力,凡事盡力就好;挑戰心告訴我永遠要保持研究的熱忱,多方了解香草植物的特性與好處;持續心則帶給我這 20 多年來優質的生活,並結交了許多同樣喜歡香草的好朋友。這一切都要感謝香草植物,它們帶給我最美好的療癒。

Herbs
香草茶飲
應用百科

祛寒、解暑、助消化！
33種香草植物，調出180款茶飲，溫柔療癒身心

作　　者	尤次雄
社　　長	張淑貞
總 編 輯	許貝羚
責任編輯	謝采芳
美術設計	莊維綺
攝　　影	陳家偉
行銷企劃	曾于珊

發 行 人	何飛鵬
總 經 理	李淑霞

出　　版	城邦文化事業股份有限公司・麥浩斯出版
地　　址	115 台北市南港區昆陽街 16 號 7 樓
電　　話	02-2500-7578
傳　　真	02-2500-1915
購書專線	0800-020-299

發　　行	英屬蓋曼群島商家庭傳媒股份有限公司城邦分公司
地　　址	115 台北市南港區昆陽街 16 號 5 樓
讀者服務電話	0800-020-299
	09:30 AM～12:00 PM・01:30 PM～05:00 PM
讀者服務傳真	02-2517-0999
讀者服務信箱	E-mail csc@cite.com.tw
劃撥帳號	19833516
戶　　名	英屬蓋曼群島商家庭傳媒股份有限公司城邦分公司

香港發行	城邦〈香港〉出版集團有限公司
地　　址	香港灣仔駱克道193號東超商業中心1樓
電　　話	852-2508-6231
傳　　真	852-2578-9337

馬新發行	城邦〈馬新〉出版集團Cite(M) Sdn. Bhd.(458372U)
地　　址	41, Jalan Radin Anum, Bandar Baru Sri Petaling, 57000 Kuala Lumpur, Malaysia
電　　話	603-90578822
傳　　真	603-90576622

製版印刷	凱林印刷事業股份有限公司
總 經 銷	聯合發行股份有限公司
地　　址	新北市新店區寶橋路235巷6弄6號2樓
電　　話	02-2917-8022
傳　　真	02-2915-6275

版　　次	初版 8 刷 2024 年 6 月
定　　價	新台幣480元　港幣160元

Printed in Taiwan

國家圖書館出版品預行編目(CIP)資料

Herbs 香草茶飲應用百科：祛寒、解暑、助消化！ 33 種香草植物，
調出 180 款茶飲，溫柔療癒身心 / 尤次雄著 . -- 一版 . -- 臺北市：麥浩
斯出版：家庭傳媒城邦分公司發行 , 2018.11
　面；　公分
ISBN 978-986-408-430-2(平裝)

1. 香料作物 2. 栽培 3. 食譜

434.193　　　　　　　　　　　　　　　　　107017382